彩色图像

数字盲水印技术

苏庆堂　著

清华大学出版社

北京

内 容 简 介

本书结合矩阵分解、整型小波变换和离散余弦变换等理论,从水印不可见性、鲁棒性、水印容量和算法实时性等角度出发,提出多种彩色图像盲水印算法,较好地解决了彩色数字图像的版权保护问题。

全书共分 10 章:第 1 章介绍彩色图像盲水印技术的研究背景、意义及国内外研究现状;第 2 章介绍数字水印常用的数学知识,为后续算法的研究奠定理论基础;第 3 章介绍彩色数字图像的基本知识,为研究彩色图像盲水印技术的研究打下专业知识基础;第 4~9 章分别介绍不同的盲提取水印算法,每一种算法包含详细的步骤过程和实验结果;第 10 章对彩色图像盲水印算法进行了总结和展望。同时,附录部分给出了数字水印常用名词的中英文对照表。

本书可供信息隐藏、信息安全、数字取证等领域的研究开发人员参考,也可作为高等学校计算机应用、信息安全、电子与通信等专业研究生与本科生的参考资料。

图书在版编目(CIP)数据

彩色图像数字盲水印技术/苏庆堂著. —北京:清华大学出版社,2015(2016.4 重印)
ISBN 978-7-302-42162-7

Ⅰ. ①彩⋯ Ⅱ. ①苏⋯ Ⅲ. ①电子计算机—密码术 Ⅳ. ①TP309.7

中国版本图书馆 CIP 数据核字(2015)第 269063 号

责任编辑:白立军
封面设计:傅瑞学
责任校对:李建庄
责任印制:李红英

出版发行:清华大学出版社
   网 址:http://www.tup.com.cn,http://www.wqbook.com
   地 址:北京清华大学学研大厦 A 座   邮 编:100084
   社 总 机:010-62770175   邮 购:010-62786544
   投稿与读者服务:010-62776969,c-service@tup.tsinghua.edu.cn
   质量反馈:010-62772015,zhiliang@tup.tsinghua.edu.cn
   课件下载:http://www.tup.com.cn,010-62795954
印 装 者:三河市中晟雅豪印务有限公司
经 销:全国新华书店
开 本:185mm×230mm   印 张:13.75   字 数:275 千字
版 次:2015 年 11 月第 1 版   印 次:2016 年 4 月第 3 次印刷
印 数:566~1065
定 价:49.00 元

产品编号:066689-02

前　言

随着计算机技术和网络技术的快速发展,数字产品尤其是彩色数字图像得以在 Internet 上大量传播,但是因其自身易篡改、易复制的特点使得其版权保护越来越困难,盗版和侵权等问题也越来越严重,因此,无论是利用彩色数字图像作为宿主图像还是用之作为水印的彩色图像数字水印技术越来越受到人们的重视,成为图像水印技术的热点之一。

本书从分析现有相关算法的特点及其局限性入手,以实现彩色图像数字水印盲提取为目的,分别从水印容量、鲁棒性、不可见性、算法执行效率等不同角度,利用空域、变换域、矩阵分解等技术,对彩色图像数字水印算法进行比较深入地研究,取得了一些有意义的成果,主要研究内容如下。

(1) 从分析空域算法和变换域算法的优点出发,提出了一种新的在空域中实现基于 DCT 变换的彩色图像盲水印算法。根据 DCT 变换的原理,分析并利用其 DC 系数的形成过程,无须进行 DCT 变换,在空域中就可计算出每一 8×8 分块的 DC 系数,同时利用系数量化技术将二值水印重复嵌入 4 次获得含水印的彩色图像。盲提取水印后,根据"先选择后组合"及"少数服从多数"的原则决定所提取的二值水印。该算法既具有空域算法效率高的优点,又具有变换域算法鲁棒性强的优点。

(2) 针对彩色图像水印所含信息量大且难以嵌入的特点,提出一种新的基于整数小波变换和状态编码的双彩色图像水印算法。该算法既利用整数小波变换不存在舍入误差的特点,又利用了所提出的状态编码技术能以非二进制信息形式来表示水印像素信息的特点。通过改变分组数据状态码的方法来嵌入水印,在提取水印时可以直接利用分组数据的状态码来提取所嵌入水印信息。仿真结果表明,该算法能够保证大容量彩色水印信息的嵌入。

(3) 针对如何有效地提高彩色图像水印的不可见性问题,提出基于 SVD 的双彩色图像数字水印算法。通过分析 SVD 的特点,提出新的矩阵优化补偿的方案。嵌入水印时,将 4×4 像素块进行 SVD 分解,并修改其 U 分量第二行第一列元素与第三行第一列元素来嵌入水印;然后,通过改进的优化方法来补偿含水印的像素块,进一步提高水印的不可见性。提取水印时,直接根据含水印图像的 U 分量中被修改元素的关系来提取所嵌入的水印。实验结果表明,该水印算法不但克服了 SVD 虚警检测的错误,而且具有较好的水印不可见性。

(4) 针对彩色图像水印鲁棒性较差的问题,提出了基于 Schur 分解的彩色图像盲水印算法。首先,研究了矩阵的 Schur 分解理论及图像矩阵块 Schur 分解后的特点;然后,通过修改系数之间的关系来嵌入水印。实验结果表明,该算法不但具有较好的不可见性而且具有较强的鲁棒性。

(5) 针对彩色图像水印算法执行时间长的问题,提出一种高效的基于 QR 分解的彩色图像盲水印算法。首先,对图像矩阵经 QR 分解后的嵌入水印的条件进行了分析讨论;然后,对每个选定的 4×4 像素块进行 QR 分解,通过对矩阵 R 的第一行第四列元素的量化来嵌入水印信息。提取水印过程中,不需要原始宿主图像和原始水印图像。仿真结果表明,该算法不但满足了水印性能的不可见性和鲁棒性要求,而且具有很高的执行效率。

(6) 研究设计基于盲提取的双彩色图像水印算法始终是一种挑战性的工作,本书分析了 Hessenberg 矩阵的特点,提出了一种基于 Hessenberg 分解的彩色图像水印算法。通过系数量化技术将加密的彩色图像水印信息嵌入 Hessenberg 矩阵的最大系数中,提取水印时不需要原始宿主图像或原始水印图像的参与。实验结果表明,所提出的水印算法在水印不可见性、鲁棒性和时间复杂度方面具有较好的水印性能。

本书的出版得到山东省自然科学基金项目(No. ZR2014FM005,No. ZR2013FL008)、山东省重点研发项目(No. 2015GSF116001)、山东省教育厅项目(No. J14LN20)、鲁东大学博士基金(No. LY2014034)、山东省科技厅项目(No. 2014GGB01944)的资助,并得到鲁东大学信息与电气工程学院的大力支持和帮助,在此深表感谢!烟台风能电力学校的王环英老师参与了本书的编写工作,鲁东大学的王金柯、林恩伟等同学在文字录入、书稿校对方面付出了辛勤劳动,在此向他们深表谢意!

　　特别感谢清华大学出版社,感谢责任编辑及其他参与此书出版工作的各位老师为本书顺利出版而付出的辛勤劳动!

　　限于作者学识水平,书中难免存在不妥之处,请同行和读者批评指正。

　　作者邮件地址:sdytsqt@163.com。

苏庆堂

2015 年 7 月定稿于烟台

目 录

第1章 绪论

  信息作为一种重要的战略资源,其获取、加工、存储、传输和安全保障能力成为一个国家综合国力的重要组成部分,信息安全已成为影响国家安全、社会稳定和经济发展的决定因素之一。信息隐藏是一门新兴的信息安全学科,其技术是将秘密信息隐藏在不易被人怀疑的普通载体文件中,使秘密信息不易被别有用心者发现、窃取、修改或破坏,从而保证了信息在网络上传输的安全性。信息隐藏与数字水印作为信息安全领域最新的研究领域,在近几年得到了很大的发展。本章从分析多媒体信息安全出发,首先介绍信息隐藏技术的基本术语、分类与发展,然后介绍信息隐藏技术领域的一个重要分支——数字水印技术的产生背景、基本概念与框架、常用的攻击方法与评价标准,最后介绍彩色图像数字水印的研究现状。

1.1 信息隐藏技术简介

1.1.1 信息隐藏技术的基本术语

  近年来,计算机网络技术和多媒体处理技术的迅速发展使得世界各地的人们交流更加方便、更加快捷。多媒体数据的数字化为多媒体信息的存取提供了极大便利,同时也极大地提高了信息表达的效率和准确性。随着 Internet 的快速发展与日益普及,多媒体信息的交流已达到了前所未有的深度与广度,其发布形式也愈加丰富。如今,人们可以通过 Internet 发布自己的作品、重要信息和进行网络贸易等,但是随之出现的问题也日益突出,如作品侵权更加容易、作品篡改也更加方便。因此,如何既充分利用 Internet 的便利,又能有效地保护知识产权,已受到人们的高度重视。在这种背景下,一门新兴的交叉学科——信息隐藏学正式诞生。如今,信息隐藏学作为隐蔽通信和知识产权保护等的主要手段,正得到广泛研究与应用。

信息隐藏有时也称为数据隐藏,其基本过程如图 1.1 所示。通常,人们把希望被秘密隐藏的对象称为嵌入对象,它是含有特定用途的秘密信息或重要信息。用于隐藏嵌入对象的非保密载体称为载体对象。这里"对象"含义广泛,它可以是消息、文本、图像、音频、视频、软件、数据库等。信息嵌入过程的输出对象,即已经藏有嵌入对象的输出对象称为隐藏对象,或称为伪装对象,因为它与载体对象之间没有视觉感知或听觉感知上的差别。将嵌入对象添加到载体对象中得到隐藏对象的过程称为信息嵌入,嵌入过程中所使用的算法称为嵌入算法。信息嵌入的逆过程,即从隐藏对象中重新获得嵌入对象的过程称为信息提取,或称为信息恢复。在提取过程中所使用的算法称为提取算法。执行嵌入过程和提取过程的组织或个人分别被称为嵌入者和提取者。

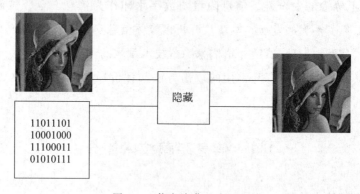

图 1.1　信息隐藏基本过程

在信息隐藏系统中,为了增加安全性,人们通常需要使用一些额外的秘密信息来控制嵌入与提取过程,只有它的持有者才能进行操作,这个秘密信息称为隐藏密钥。嵌入过程的隐藏密钥称为嵌入密钥,提取过程的隐藏密钥称为提取密钥。通常嵌入密钥和提取密钥是相同的,相应的信息隐藏技术称为对称信息隐藏技术,否则称为非对称信息隐藏技术。

可以把信息隐藏的研究分为信息隐秘书写技术和隐藏分析技术两部分。前者主要研究向载体对象中秘密添加嵌入对象的技术;后者主要研究如何从隐藏对象中破解出嵌入信息,或通过对隐藏对象的处理达到破坏嵌入信息或阻止信息检测目的的技术。类似地,可以称隐藏技术的实现方法或研究者称为隐藏者,而隐藏系统的攻击方法或隐藏分析技术的研究者称为隐藏分析者或伪装分析者。注意,在信息隐藏的不同分支领域中,上述的相关术语可能不同。

1.1.2　信息隐藏技术的分类

1. 隐蔽通道

隐蔽通道可定义为系统中不受安全策略控制的、范围安全策略的信息泄露路径。按信息传递的方式区分,隐蔽通道分为隐蔽存储通道和隐蔽定时通道。如果一个进程直接或间接地写一个存储单元,另一个进程直接或间接地读该存储单元,则称这种通道为隐蔽存储通道。如果一个进程通过调节它对系统资源的使用,影响另一个进程观察到的真实响应时间,实现一个进程向另一个进程传递信息,则称这种通道为隐蔽定时通道。

2. 隐写术

信息隐藏中一个重要的子学科是隐写术(stegnaography)。不同于密码学中对信息内容的保护,隐写术着眼于隐藏信息的本身存在。它来自于希腊词根 steganos 和 graphie,字面的意义是"密写",它通常被解释为把信息隐藏于其他信息当中,即不让计划的接收者之外的任何人知道信息的传递事件(而不只是信息的内容)。例如,通过在一份报纸上用隐形墨水标志特定的字母,达到给间谍发送消息的目的。现代的隐写术主要指在数字信息处理和计算机领域,利用计算机中普遍存在的冗余性向其中嵌入秘密数据。

3. 匿名技术

匿名技术是指不暴露身份和个人特征的一种技术,该技术主要应用于网络环境下。网络匿名可分为发送方匿名和接收方匿名,分别保护通信双方的身份,所使用的主要技术有匿名重发和网络代理等技术。

4. 版权标记

版权标记是向数字作品中嵌入可以鉴别的版权标记信息,该技术是进行数字作品版权保护的一种有效技术。根据标记内容和所用技术的不同,可以将版权标记技术分为数字水印技术和数字指纹技术。与钞票水印相类似,数字水印技术是将特制的标记,利用数字内嵌的方法嵌入数字图像、声音、视频等数字产品中,用以证明创作者对其作品的所有权,并作为鉴定、起诉非法侵权的证据,同时通过对水印的探测和分析,以保证数字信息的完整可靠性,从而成为知识产权保护和数字多媒体的防伪的有效手段。数字指纹技术是为避免未经授权的复制和发行,出品人可以将不同用户的 ID 或序列号作为不同的指纹嵌入作品的合法副本。一旦发现未经授权的副本,可以从此副本中恢复指纹来确定它的来源[1]。

1.1.3　信息隐藏技术的发展

自从出现人类文化,人类就有保护信息的想法。密码术和隐写术这两个词正式出现在 17 世纪中叶,且都来源于希腊语。描述信息隐藏的最早文献是历史学家之父 Herodotus 于公元前 400 多年写的《历史》。这本书中介绍的一个例子是使用打蜡的木匣:波斯的 Demeratus 想要告知希腊的朋友 Xerxes,有人要来侵犯他们。在那个时候,书写用的木匣通常是用两片打上蜡的书片,连起来作为一本书。字是写在蜡上的,用蜡融化掉就可以重新使用。而 Demeratus 使用的方法是先将蜡去掉,把信息写在木片上,然后在木片上打上蜡。这样从外观上就看不出蜡里藏有信息了。起初这种方法很奏效,但后来就被人们识破了[2]。

"计算机网络是现代密码学之母,而 Internet 则是现代信息隐藏之母"。20 世纪 70 年代计算机网络的兴起掀起现代密码学研究的热潮,并使密码学发展成为一门相对成熟的学科。随着 20 世纪 90 年代 Internet 的迅速发展,多媒体技术的逐渐成熟和电子商务的兴起,网上多媒体信息急剧增加。如果没有网络,信息技术绝不会如此迅速发展,而网络的开放性与资源共享使得网络信息安全问题日益突出。这就需要有效的保护数字产品版权的手段与技术来解决这一现实问题,这种需要是数字水印技术研究的主要推动力。

在目前很多数字信息隐藏算法中都采用了扩频技术。扩频通信可看作是一种把信息隐藏在宽频伪随机噪声中的通信方式。扩频通信在军事中的应用已有半个多世纪的历史,近些年来被广泛用于民用通信。它使用比发送的信息数据速率高得多的伪随机编码,扩展作为基带信号的信息数据频谱,成为极低功率谱密度的宽带信号,从而在实际上难以和背景噪声相区别。此外,高频有利于嵌入信息的不可见性,但不利于鲁棒性,低频尽管有利于鲁棒性,但却会带来不可接受的可见性。扩频技术可通过将低频能量信号嵌入每一个频段来解决这种矛盾。

就目前而言,信息隐藏技术远未成熟,尚缺乏系统性的理论基础和公平统一的性能测试与评价体系,信息隐藏的广泛应用依赖于对其不断地探索与实践。

1.2　数字水印技术

1.2.1　数字水印技术的背景

随着计算机多媒体技术的迅猛发展,人们可以方便地利用数字设备制作、处理和存储文本、图像、语音和视频等媒体信息。与此同时,数字网络通信正在飞速发展,使得信息的发布和传输实现了"数字化"和"网络化"。在模拟时代,人们把磁带作为记录设备,盗版复制通常要比原始复制的质量低,即二次复制的质量更糟糕。在数字时代,歌曲或电影的数字复制过程完全不损失作品质量。自从 1993 年 11 月 Internet 上出现了 Mosaic 网页浏览器,Internet 对用户变得友好起来,很快人们便开始乐于从 Internet 上下载图片、音乐和视频。对数字媒体而言,Internet 成了最出色的分发系统,因为它不但便宜,而且不需要仓库存储,又能实时发送。因此,数字媒体很容易借助 Internet 或 CD-ROM 被复制、处理、传播和公开。这样就引发出数字信息传输的安全问题和数字产品的版权保护问题。如何在网络环境中实施有效的版权保护和信息安全手段,已经引起了国际学术界、企业界以及政府有关部门的广泛关注。其中,如何防止数字产品(如电子出版物、音频、视频、动画、图像产品等)被侵权、盗版和随意篡改,已经成为世界各国亟待解决的热门课题之一。

数字产品的实际发布机制是一个冗长的过程。它包括原始制作者、编辑、多媒体集成者、重销者和国家官方等。本书给出了一个简单的发布模型,如图 1.2 所示。图中的"信息发布者"是版权所有者、编辑和重销者的统称,他们试图通过网络发布数字产品 x。而图中的"用户"也可称为消费者(顾客),他们希望通过网络接收到数字产品。图中的"盗版者"是未授权的供应者,他们未经合法版权所有者的许可重新发送产品 x(如盗版者 A)或有意破坏原始产品(如盗版者 B)并重新发送其不可信的版本 x^*,从而消费者难免间接收到盗版的副本 x 或 x^*。

盗版者对数字多媒体产品的非法操作行为,通常包括以下三种情况。

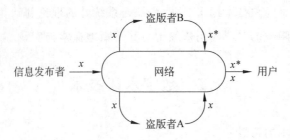

图 1.2　数字产品网络发布的基本模型

（1）非法访问，即未经版权所有者的允许从某个网站中非法复制或翻印数字产品。

（2）故意篡改，即盗版者恶意地修改数字产品以抽取或插入特征并进行重新发送，从而使原始产品的版权信息丢失。

（3）版权保护，即控制盗版者收到数字产品后未经版权所有者的允许将其转卖。

为了解决信息安全和版权保护问题，数字产品所有者首先想到的是加密和数字签名等技术。基于私用或公共密钥的加密技术可以用来控制数据访问，它将明文消息变换成别人无法理解的密文信息。加密后的产品是可以访问的，但只有那些具有正确密钥的人才能解密，除此之外，还可以通过设置密码，使得数据在传输时变得不可读，从而可以为处于从发送到接收过程中的数据提供有效地保护。数字签名是用 0、1 字符串来代替书写签名或印章，起到数字签名或印章同样的法律作用。它可以分为通用签名和仲裁签名两种方式。数字签名技术已经应用于检验短数字信息的真实可靠性，并已形成了数字签名标准。它通过使用私用密钥，对每个消息进行签名，而公共的检测算法用来检查消息的内容是否符合相应的签名。但这种数字签名在数字图像、视频或音频中的应用并不方便也不实际，因为在原始数据中需要加入大量的签名。另外，随着计算机软硬件技术的迅速发展以及基于网络的具有并行计算能力的破解技术日渐成熟，这些传统技术的安全性已经受到质疑。单靠通过密钥增加长度以增强保密系统的可靠性以不再是唯一可行的办法，而且具有被授权持有密钥的人才可获得加密后的信息，这样就无法通过公共系统让更多的人获得他们需要的信息。同时，一旦信息被非法破密，就没有任何直接证据来证明信息被非法复制和转发。再者，对于少数人来说，加密具有挑战性，因为人们很难防止一个加密文件在解密时被"剪掉"。因此，需要寻求一种不同于传统技术的更加有效的手段来保障数字信息的安全和保护数字产品的版权。

为了弥补密码技术的缺陷,人们开始寻求另一种技术来对加密技术进行补充,从而使解密后的内容仍能受到保护。数字水印技术有希望成为一种补充技术,因为它在数字产品中嵌入的信息不会被常规处理操作去除。数字水印技术一方面弥补了密码技术的缺陷,因为它可以为解密后文件提供进一步的保护;另一方面,数字水印技术也弥补了数字签名技术的缺陷,因为它可以在原始数据中一次性嵌入大量的秘密信息。人们设计某种水印,它在解密、再加密、压缩、数模转化以及文件格式变化等操作保持完好。数字水印技术主要用于复制行为是被禁止的场合。而在版权保护应用中,水印可用标识版权所有者,保证版税的合理支付。此外,水印技术还在一些其他场合得到应用,包括广播监制、交易跟踪、真伪鉴别、复制控制以及设备控制等各个领域。

1.2.2 数字水印的基本概念

1. 数字水印的定义

水印是一项古老的技术,在过去也得到广泛的应用。一个经典而又众人皆知的例子是不可见墨水的使用,人们为了防止信息被察觉而用不可见墨水来隐写秘密信息。虽然数字水印技术得到了足够的重视和长足的发展,但是理论上并没有对数字水印提出一个明确、统一而严格的定义。Cox 等人[3]把水印定义为:"不可感知地在作品中嵌入信息的操作行为"。Lu[4]定义水印为:"数字水印是永久隐藏在其他数字数据中(音频、图像、视频和文本)的数字信号,日后可以通过计算检测或提取以进行信号确认,隐藏在宿主图像中的数字水印与宿主图像融为一体并且不能明显影响宿主数据的视觉效果,因此含水印的作品仍旧是有效的";陈明奇等人[5]认为:"数字水印是永久镶嵌在其他数据(宿主数据)中具有鉴别性的数字信号或模式,而且并不影响宿主数据的可用性"。

概括而言,数字水印作为一种有效的数字产品版权保护和数据安全维护技术,它是充分利用数字多媒体作品中普遍存在的数据冗余或视觉冗余等特性,利用一定的嵌入方法将一有意义的标记信息(数字水印)直接嵌入数字多媒体内;作为被嵌入水印的数字多媒体作品,其本身的价值或使用应不受任何影响,且人的感知系统也不能察觉这些嵌入的数字水印信息,若想提取出这些信息只能通过设计的提取算法或检测器提取所嵌水印,以便在版权纠纷中用来证明版权归属或认证数字产品内容的完整性[6],这样既有效地保护了数字多媒体的版权,又提高了其安全性。十几年来,这种技术一直受到人们的广泛关注,已经成为信息隐藏技术的一个重要研究方向。

2. 数字水印的特点

1)不可见性

不可见性也称为透明性、隐藏性,一方面要求水印的嵌入不能引起载体图像明显的失真;另一方面要求嵌入的水印信息在主观上是不可见的。虽然在某些特定场合,版权保护标志或标识无须隐藏,如内容完整性认证、篡改检测与恢复等,但是在数字水印的大多数应用场合中,要求含水印的图像保持极高的水印不可见性,即含水印的图像与原始图像之间在肉眼下几乎不可辨别,因此,应根据载体信息的类型和几何特性,利用不同的技术将水印隐藏其中,使人无法察觉。

2)鲁棒性

鲁棒性或称为健壮性,是指含水印图像在受到有意或者无意修改后仍然保留水印信息的能力。数字图像在网络和各种传输介质中传播时会受到噪声干扰、滤波攻击、图像压缩或人为的其他恶意攻击,为了对版权等信息进行更有效的保护,图像水印算法应该具有抵抗常见图像处理操作的能力[7]。

3)水印容量

水印容量是指在满足水印不可感知性要求的前提下,能够有效地嵌入媒体中的水印信息总量,经常用所嵌入的二进制信息位来衡量。当用彩色数字图像作为数字水印时,其水印容量要远大于同尺寸的二值图像(至少是 24 倍),这无疑增加了算法的难度。

4)安全性

安全性是指水印算法能够保证含水印图像中的水印信息是安全的。不但要求未授权者不能发现数字作品中含有水印信息,而且在没有密钥的情况下未授权者即使知道含有水印及掌握水印算法,也不能提取或破坏水印信息。

在实际应用中,所设计的水印算法应该尽量考虑这些要求,但是这些特性之间往往互相矛盾,图 1.3 给出了鲁棒性、不可见性和水印容量之间的关系。在实际应用过程中,不可能同时满足最佳不可见性、最强鲁棒性和最大容量的要求,可以根据实际需求,凸现重点,进行取舍[8]。

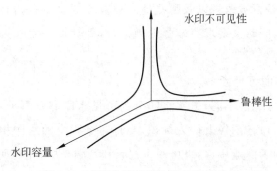

图 1.3　水印主要性能之间的矛盾关系

3. 数字水印的分类

依据不同的划分标准,数字水印的种类有很多,具体分类如下。

1) 依据数字水印的提取(检测)方式

根据提取(检测)方式的不同,可以将数字水印划分为非盲水印算法[9]和盲水印算法[10-12]。

盲水印算法要求在提取(检测)水印时既不需要原始载体数据的参与,也不需要原始水印的帮助,最多需要密钥的参与而已;而非盲水印算法在提取(检测)水印时需要原始载体数据或原始水印的介入,故其应用受到存储成本、执行效率的限制。如前文所述,目前学术界关注数字水印大多数是盲水印,这也是本书研究的出发点之一。

2) 依据数字水印抵抗外因攻击的能力

一般的图像处理有压缩、滤波、掩蔽和加噪声等;除此之外还有其他一些恶意攻击。依据数字水印抵抗外因攻击的能力,可将图像数字水印分为鲁棒性水印、半脆弱性水印和脆弱性水印[13-16]。

对于鲁棒性水印而言,它要求能够将所嵌入的、证明版权的水印信息从质量已被破坏的水印图像中提取出来,主要用于媒体的版权保护及真伪鉴别等;脆弱性水印不同于鲁棒性水印,它是指允许水印受到外界的各种攻击,且破坏的情况也很容易被检测出来,其目的是对提取水印的变化情况进行分析以便定位和跟踪对含水印图像受破坏的位置及影响程度;半脆弱性水印的特性介于前两者之间,它要求所嵌入水印能够抵抗一般的加工处理,但对恶意的篡改或攻击很敏感;其中,脆弱性水印和半脆弱性水印都属于易损数字水印,主要用于完整性保护,但数据发生改变时,这些水印信息需要同时发生相应的改变,从而可以鉴定原始数据是否被改过以及哪些地方被篡改了多少;易损水印应对一般图像处理有较强的免疫能力,同时又要求有较强的敏感性,即允许一定程度的失真,又要能使失真情况被探测出来[17,18]。

3) 依据数字水印的可见性

依据数字水印的可见性不同,数字水印分为可见水印和不可见水印。前者指的是可以看得见的数字水印,像在图像上插入标识,与打印纸张中的水印相似,其主要应用于图像,防止这些图像被用于商业用途,也可用于视频和音频当中;相对而言,后者的应用更加广泛,将不可见水印加在图像、音频或视频当中,人类感官上是不可察觉的,经提取后才能发觉有水印的存在[19,20]。

4) 依据宿主图像的处理方式

依据宿主图像的处理方式不同,可将数字水印划分为空域水印、变换域水印和量化域水印[21-25]。

空域水印指的是通过直接修改图像像素值的大小来嵌入水印信息,其特点是计算简单且具有较高的执行效率,但却具有相对较差的鲁棒性;变换域水印指的是在变换域的系数中添加水印信号,很好地利用了人类的视觉、听觉特点,具有一定的鲁棒性,离散余弦变换(Discrete Cosine Transform,DCT)、离散小波变换(Discrete Wavelet Transform,DWT)、离散傅里叶变换(Discrete Fourier Transform,DFT)等都属于变换域水印方法,其特点是在计算上较空域水印方法复杂;量化域水印指的是根据要嵌入的水印信息,选用特定结构的量化器来量化载体系数的水印算法。

5) 依据数字水印的嵌入对象

数字水印嵌入时,依据嵌入对象的不同,可将其划分为图像水印、文本水印、音频水印和视频水印等[26-29]。

4. 数字水印的主要应用领域

对数字水印技术的研究具有十分重要的实际意义,其主要应用领域[30,31]如下。

1) 数字产品知识产权保护

由于目前各种网络侵权盗版问题日益严重,有效保护信息安全和知识产权已受到高度重视,数字水印能够很好地解决这一问题,它通过把版权信息作为水印嵌入数字产品中,且在数字产品的使用过程中它是不会被消除的,即使经过压缩、数模变换和改变文件格式等各种处理后,设计巧妙的水印仍能继续存在。

2) 侵权盗版跟踪

数字水印可以用来追踪数字产品的非法复制制作和发行,即在每个合法发行的数字产品中加入水印信息,可有效地阻止对未授权的媒体进行复制等操作。

3) 图像认证

有时需要确认数字作品的内容是否被篡改,可通过使用脆弱性水印来进行认证,因为脆弱性水印是指当作品发生任何形式的微小变化后即检测不到水印。如果在检测过程中仍能从作品中检测到脆弱性水印,就可以证明作品没有被修改过。

4) 商务交易中的票据防伪

目前,图像输入输出设备发展迅速,各种高精度的打印机相继出现,使得各种票据及货币的伪造变得异常容易,之前所使用的各种防伪技术存在着许多弊端,而基于数字水印的印刷防伪技术具有独特的性能,因为水印以其视觉不可见性而隐藏在作品当中,且嵌入的内容有很大的随机性,从而增加了伪造者的伪造难度。

1.2.3　数字水印的基本框架

一个完整的数字水印方案一般包括三部分:水印生成、水印嵌入和水印提取或检测。具体来说,数字水印技术实际上是通过对载体媒质分析、水印预处理、水印嵌入位置选择、水印嵌入方式设计、水印提取方式设计等关键环节进行合理优化,在优先满足基本需求的前提下,寻求解决不可感知性、安全可靠性、稳健性等主要约束条件下的准最优化设计问题。

数字水印嵌入的基本过程如图 1.4 所示,其输入的内容包括原始水印信息 W、原始载体数据 I 和一个可选的密钥 K,输出的结果是含有水印的数据 I^*。

其中,水印信息可以是任何形式的数据,如随机序列或伪随机序列、字符或栅格、二值图像、灰度图像或彩色图像、3D 图像等。水印生成算法 G 应保证水印的唯一性、有效性、不可逆性等属性。密钥 K 可用来加强安全性,以避免未授权的水印恢复或水印提取。由

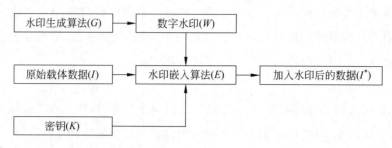

图 1.4 数字水印嵌入的一般过程

式(1-1)可以定义水印嵌入的一般过程：

$$I^* = E(I, W, K) \qquad (1\text{-}1)$$

其中，I^* 表示嵌入水印后的数据(即含水印的数据)；E 为水印嵌入算法；I 表示原始载体数据；W 表示原始水印信息；K 表示密钥集合。这里密钥 K 是可选项，一般用于水印信号的提取。

图 1.5 是数字水印提取的一般过程，其过程可以需要原始载体图像或原始水印的参与，也可以不需要这些信息，不同情况下的水印提取过程可以描述如下。

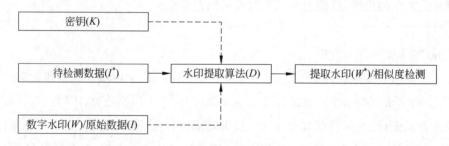

图 1.5 数字水印提取的一般过程

需要原始载体数据 I 时：

$$W^* = D(I^*, I, K) \qquad (1\text{-}2)$$

需要原始水印 W 时：

$$W^* = D(I^*, W, K) \qquad (1\text{-}3)$$

没有原始信息时：

$$W^* = D(I^*, K) \tag{1-4}$$

其中，W^* 表示所提取的水印；D 为水印提取算法；I^* 表示含有水印的数据。式(1-2)和式(1-3)属于非盲提取方式，式(1-4)属于盲提取方式。

1.2.4　数字水印的攻击方法

对数字水印的攻击是衡量数字水印性能的重要方法。随着水印技术的发展，对水印的攻击方式也在增多，如何提高数字水印的鲁棒性及抵抗攻击的能力是数字水印算法最被关注的问题。一个性能良好的水印算法应该对常见的信号处理、几何变换及恶意攻击有良好的抗攻击性。因此，为了设计出一个实用而有效的水印算法，必须了解各种可能的水印攻击方法。

对水印的攻击大体可分为以下四类。

1. 鲁棒性攻击

鲁棒性攻击是指含水印图像在提取之前必须经历的或可能经历的常规信号处理操作，例如，压缩、滤波、叠加噪声、图像量化与增强、图像剪裁、几何失真、模拟数字转换、图像校正等，这些操作试图减弱载体中的水印强度，或是破坏载体中的水印；由于鲁棒性是水印算法的重要特征之一，因而本书重点介绍常用的鲁棒性攻击方法[32]。

1）压缩攻击

图像压缩是一种常用的对含水印图像的攻击方法。通常，图像压缩算法就是通过删除输入图像中的冗余信号（如高频部分）达到数据压缩的目的，目前常用的图像压缩攻击有基于 DCT 的 JPEG 压缩攻击和基于 DWT 的 JPEG 2000 压缩攻击等。

2）加噪攻击

图像在传播过程中最容易受到的攻击就是加入的噪声，因此，噪声也是一种典型的攻击，它对嵌入的水印也会产生影响。通常，最常见的噪声是椒盐噪声和高斯噪声等。

3）中值滤波攻击

中值滤波是基于排序统计理论的一种能有效抑制噪声的非线性信号处理技术。对图像中值滤波攻击时，就是用一个二维的窗口依次成块地覆盖图像中的像素，用被覆盖像素值的中值去取代窗口正中的像素值。

4）马赛克攻击

所谓马赛克攻击,就是将一幅图像中的像素按照一定尺寸的模板与相邻的元素一起取平均值,再将这个值赋给模板下的每一个像素,下面以 3×3 的模板为例,用图 1.6 简单直观地进行说明。

12	14	16
13	15	17
14	16	18

15	15	15
15	15	15
15	15	15

(a) 处理前的像素值　　　　(b) 处理后的像素值

图 1.6　马赛克处理实例

5）旋转、剪切和缩放攻击

在图像的处理过程中,经常要对图像进行一系列几何操作,包括图像的旋转、剪切和缩放等,这几种攻击将改变图像像素的空间位置关系,对提取水印带来很大的困难,因此许多水印算法对于抗几何失真十分脆弱。

2. 表达攻击

表达攻击方法有别于鲁棒性攻击之处在于它并不需要除去数字产品内容中嵌入的水印,它是通过操纵内容从而使水印检测器无法检测到水印的存在。例如,表达攻击可简单地通过不对齐一个嵌入了水印的图像来愚弄自动水印检测器,实际上在表达攻击中并未改变任何图像像素值,如旋转、放大及通常的仿射变换,该类攻击的主要思想是在检测水印之前水印方案要求嵌入了水印的图像被正确地对齐。

在现有的一些图像及视频水印方案中,图像中除嵌入水印外还需嵌入一个表达模式以抵抗几何失真,但在应用中这个登记模式往往成了水印方案的致命弱点。如果正常的登记过程被攻击者阻止,那么,水印的检测过程就无法进行而失效。对一个成功的表达攻击而言,它并不需要擦除或除去水印。为了战胜表达攻击,水印软件应有同人的交互才能进行成功地检测。或者,设计成为能容纳通常的表达模式,尽管在工程上实现这样的智能仍是非常困难的。

3. 解释攻击

解释攻击通常采用伪造水印来达到攻击的目的。例如,攻击者并没有除去水印而是在原图像中"引入"他自己的水印,从而使水印失去意义,尽管他并没有真正地得到原图像。在这种情况下,从载体中可以提取出两个水印信息,攻击者同所有者或创造者一样拥有所发布图像的所有权的水印证据,使原水印信息不具有代表性。在解释攻击中,图像像素值或许被改变或许不被改变。此类攻击往往要求对所攻击的特定的水印算法进行深入彻底的分析。

4. 复制攻击

复制攻击是从已嵌入水印的图像中估计水印,然后把它复制到目标图像中生成伪装的含水印图像,复制的水印要自适应于目标图像,以保证其不可察觉性;使用复制攻击在目标图像中生成一个伪装的"有效"水印,这既不需要知道水印算法也不需要知道水印密钥。复制攻击分为三步进行:第一步,找出水印在原含水印图像中的估计值;第二步,处理该估计值;第三步,将处理后的水印估计值嵌入目标图像得到伪造的水印图像。

1.2.5　数字水印的质量评价

对数字水印的质量评价主要包括以下两个方面:嵌入水印对图像引起的主观或客观的定量评价和水印稳健性的评价,因此,一种有希望成为标准的、较为成熟的数字水印算法至少要在两个方面有很好的表现[33]。

1. 隐藏性

隐藏性也称为水印不可见性,可以理解为在宿主图像中隐藏附带数字水印信息的能力。数字水印的信息量与隐藏性之间存在着矛盾,随着水印信息量的增加,图像的质量必然下降,其隐藏性也随着降低。隐藏性评价需要对水印算法的信息量与能见度进行评估,给出水印信息量与图像降质之间的准确关系。图像隐藏性的评价可以分为客观性评价及主观性评价,两者都有各自的特点及适用场合。

1) 客观性评价

客观性评价是基于原始图像与嵌入水印图像的像素层上的差异特性来评价含水印图像质量的。均方误差、峰值信噪比、信噪比等通常作为水印载体图像失真度量的客观性评价的主要指标。

$$\text{均方误差:MSE} = \frac{1}{MN} \sum_{m,n} (I_{m,n} - I_{m,n}^*)^2 \tag{1-5}$$

$$\text{信噪比:SNR} = \frac{\sum\limits_{m,n} I_{m,n}^2}{\sum\limits_{m,n} (I_{m,n} - I_{m,n}^*)^2} \tag{1-6}$$

$$\text{峰值信噪比：PSNR} = \frac{MN\max(I_{m,n}^2)}{\sum\limits_{m,n}(I_{m,n} - I_{m,n}^*)^2} \tag{1-7}$$

其中，$I_{m,n}$ 为原始宿主图像中坐标为 (m,n) 的像素点；$I_{m,n}^*$ 为已嵌入水印图像中坐标为 (m,n) 的像素点；M 和 N 分别是图像的行数和列数。

　　以上这些指标都是基于全像素失真统计的图像客观质量评价方法。但是由于这两种方法都是基于逐像素点比较图像差别，把图像中所有像素点同样对待，只能是对人眼主观视觉感觉的有限度的近似。由于自然图像信号具有特定的结构，并且像素之间具有很强的相关关系，Wang 等人[34]从人的视觉系统的角度来研究图像质量问题，提出利用结构相似度（Structural Similarity Index Metric，SSIM）方法来衡量图像质量。SSIM 的定义如下：

$$\text{SSIM}(H,H^*) = l(H,H^*)c(H,H^*)s(H,H^*) \tag{1-8}$$

其中，H 是原始图像；H^* 是含水印的图像。

$$\begin{cases} l(H,H^*) = \dfrac{2\mu_H\mu_{H^*} + C_1}{\mu_H^2 + \mu_{H^*}^2 + C_1} \\[2mm] c(H,H^*) = \dfrac{2\sigma_H\sigma_{H^*} + C_2}{\sigma_H^2 + \sigma_{H^*}^2 + C_2} \\[2mm] s(H,H^*) = \dfrac{\sigma_{HH^*} + C_3}{\sigma_H\sigma_{H^*} + C_3} \end{cases} \tag{1-9}$$

　　式(1-9)的第一项是亮度比较函数，用来衡量两幅图像平均亮度 μ_H 与 μ_{H^*} 的相似度，只有 $\mu_H = \mu_{H^*}$ 时该函数可以获得最大值 1；第二项是对比度比较函数，用来衡量两幅图像对比度的相似程度，其中 σ_H 和 σ_{H^*} 表示两幅图像的标准差；第三项是结构比较函数，用来衡量两幅图像的相关系数，σ_{HH^*} 表示两者之间的协方差，当两图像的相关性极小时，SSIM 的值趋向于 0，此时评价图像的质量很差；当 SSIM 的值越靠近 1 时，表明评价图像的质量越好；当两图像相关性介于以上两种情况之间时，SSIM 的值介于 0～1 之间。在进行图像质量评价的实验中，为了避免遇到分母为零的情况，分子分母同时加一很小的常数项 C_1、C_2 和 C_3 对式(1-9)进行修正。

　　本书使用式(1-10)所示的彩色图像结构相似度来评价原始彩色宿主图像 H 和含水印彩色图像 H^* 之间的相似度。

$$\text{SSIM} = \frac{\sum_{j=1}^{3} \text{SSIM}_j}{3} \tag{1-10}$$

其中,j 表示彩色宿主图像的分层数。

2）主观性评价

主观性评价就是把人作为图像的观察者,对图像的优劣做出主观评价。这是目前普遍采用的方法。选择主观评价的观察者应考虑两类人:一类是未受过训练的"外行"观察者;另一类是训练有素的"内行"。所谓"内行"观察者是指对图像技术有经验的人,他们能够凭自己的观察对图像质量做出严格的判断,容易被"外行"所忽略的图像某些细小的降质都会被他们发现。

当进行主观评价时,必须遵循一个评价协议,该协议描述了测试和评价的完整过程。这种评价通常分成两个步骤:第一步,将有失真的数据集按最好到最坏的顺序分成几个等级;第二步,要求测试人员给每个数据集打分和根据降质情况描述可见性,这种打分可以基于 ITU-R Rec. 500 质量等级评判[35],见表 1.1。由欧洲 OCTALIS(Offer of Content Through Trusted Access Links)项目完成的工作表明,不同经历的人(比如专业的摄影师和研究员)对数字水印图像的主观评价结果差异很大。主观评价对最终的图像质量评估和测试具有一定的实用价值,但是在研究和开发中,该方法的用处却并不大,实际的评价还要结合客观性评价的方法。

表 1.1　ITU-R Rec. 500 从 1～5 范围的质量等级级别

等　　级	对图像质量的损坏	质 量 等 级
5	不可察觉(Imperceptible)	优(Excellent)
4	可察觉,但不令人厌烦(Perceptible, not annoying)	良(Good)
3	轻微令人厌烦(Slightly annoying)	中(Fair)
2	令人厌烦(Annoying)	差(Poor)
1	很令人厌烦(Very annoying)	极差(Bad)

2. 稳健性

稳健性是指数字水印算法具有抗拒各种线性和非线性滤波处理操作的能力,并要具有抵御通常的几何变换以及其他一般变换、操作等攻击的能力,概括地说,"稳"即安全,"健"即健壮,稳健性既包括了承载常规处理的鲁棒性,又包含了抵抗恶意攻击的安全性。要评价水印的稳健性,则要通过数字水印抗攻击能力来衡量。目前有许多水印攻击软件,如 Stirmark、Unzign、Richard、Barnetts's、Checkmark 和 Optimark 等,其中比较有代表性的是 Stirmark、Checkmark 和 Optimark。在本书实验中,使用式(1-11)所示的归一化互相关系数(Normalized Correlation,NC)作为二值图像的稳健性的评价标准,它不含任何主观因素在内,因此比较公正可靠。

$$\text{归一化互相关系数:NC} = \frac{\sum\limits_{m,n}(I_{m,n} \times I_{m,n}^*)}{\sum\limits_{m,n} I_{m,n}^2} \tag{1-11}$$

其中,$I_{m,n}$ 为原始水印图像中坐标为 (m,n) 的像素点;$I_{m,n}^*$ 为所提取水印图像中坐标为 (m,n) 的像素点。

对于彩色图像数字水印,采用式(1-12)计算其归一化互相关系数来衡量水印的稳健性。

$$NC = \frac{\sum\limits_{j=1}^{3}\sum\limits_{x=1}^{m}\sum\limits_{y=1}^{n}(W(x,y,j) \times W^*(x,y,j))}{\sqrt{\sum\limits_{j=1}^{3}\sum\limits_{x=1}^{m}\sum\limits_{y=1}^{n}[W(x,y,j)]^2}\sqrt{\sum\limits_{j=1}^{3}\sum\limits_{x=1}^{m}\sum\limits_{y=1}^{n}[W^*(x,y,j)]^2}} \tag{1-12}$$

其中,W^* 为提取的彩色图像数字水印;W 为原始彩色图像数字水印,$1 \leqslant x \leqslant m$,$1 \leqslant y \leqslant n$;$m$ 和 n 分别表示彩色图像数字水印的行列尺寸;j 表示彩色图像数字水印的分层数。

1.3　彩色图像数字水印技术的研究现状

在过去的十几年里,图像数字水印技术取得了长足的发展,目前已提出的水印算法基本上是针对灰度图像的,彩色图像数字水印算法尚未得到充分研究,这主要是因为灰度图像较彩色图像便于处理,且灰度图像仅含有亮度信息,不含色度信息,在其中嵌入水印不会产生新的颜色分量[36-42]。但是,在现实生活以及互联网的信息传播中彩色图像比较常见,更容易发生侵权、伪造、滥用等不良行为,近年来发生的"华南虎照"事件、"刘羚羊"、

"张飞鸽"事件等都是与彩色图像有关,因此,无论是利用彩色图像作为宿主图像还是用之作为数字水印的彩色图像水印技术越来越受到人们的重视,成为图像水印技术的热点之一。

目前,虽然对图像数字水印技术的研究远远超过音频、视频数字水印技术,但是对彩色图像数字水印技术的研究没有得到足够重视。一个最重要的原因是将彩色图像作为水印时,其含有的信息量是相同尺寸灰度图像的 3 倍,是二值图像的 24 倍,这不但增加了彩色图像水印嵌入的难度,而且已有的二值图像水印算法多数不能直接应用于彩色图像水印的嵌入[43],无论是利用彩色图像作为宿主图像,还是以之作为数字水印的彩色图像水印技术值得人们去研究。

另外,目前的彩色图像数字水印方面研究主要是非盲水印[44-47],这主要是因为彩色图像所包含的版权保护信息非常大,用非盲水印技术可以很方便地嵌入或提取水印。但是,盲水印技术具有非盲水印技术无法比拟的优点。首先,非盲水印需要借助于原始宿主图像或原始水印图像的帮助才能进行水印的检测或提取,导致非盲水印技术在实际应用中存在很大的局限性。例如,如果对数字产品的复制控制与跟踪、在海量的数据库中寻找未受攻击水印图像的场合,原始图像的参与将使操作更加复杂或不切实际。其次,有些数字水印检测或恢复本身就需要大量的数据进行处理,这就使得再用大量的原始数据参与检测或恢复变得很不实际且难以接受,如视频水印应用,由于要处理的数据量很大,使用原始视频也是行不通的。最后,由于数字产品的应用环境越来越网络化,少量的数据传输和高效的检测越来越成为一个好的数字水印算法所必须满足的要求,这样可以较好地满足网络特有的实时性和安全性,因此,不需要原始数据的盲检测(提取)技术具有更广阔的应用领域,而如何实现彩色图像水印的盲提取则是当前数字水印领域的主要热点问题[48-53]。

基于上述讨论,本书将以彩色图像为载体的盲水印技术作为研究目标,这样既可以满足当前彩色图像风靡网络而亟须版权保护的需求;同时,将进一步丰富图像水印技术应用的内涵。如果该技术上有所突破,将使嵌入水印的内容更加"丰富多彩",更具版权保护的效能,将在数字媒体领域具有重要的应用价值。

对于何谓彩色图像数字水印技术,不同的研究人员有不同的理解,有人将二值或灰度图像嵌入彩色图像的水印技术称为彩色图像数字水印技术,也有的将彩色水印嵌入彩色图像的水印技术也称为彩色图像数字水印技术,因此,我们认为无论是宿主图像还是水印图像,只要与彩色图像有关的水印技术都可理解为彩色图像数字水印技术,简称为彩色数字水印技术。

目前,国内外对于彩色数字水印的研究主要可以分为三大类:一是基于空域的彩色图像水印技术,二是基于变换域的彩色图像水印技术,三是基于色彩量化的彩色图像水印技术。

1.3.1 空域彩色水印技术研究现状

较早的数字水印算法都是基于空域的。空域水印处理使用各种各样的方法直接修改图像的像素,将数字水印直接加载在数据上,现有如下几种较典型的空域数字水印方法。

1. 最低有效位方法

最低有效位(Least Significant Bit,LSB)算法是 R. G. Van Schyndel 等人[54]提出的第一个数字水印算法,是一种典型的空间域信息隐藏算法。其设计思想是利用人眼视觉特性在对数字图像亮度等级分辨率上的有限性,将需要隐藏的信息直接按位替换到数字图像最低有效位,达到传递秘密信息的目的。由于水印信号隐藏在最低位,相当于叠加了一个能量微弱的信号,因而在视觉和听觉上很难察觉。LSB 水印的检测是通过待测图像与水印图像的相关运算和统计决策实现的。进行数字图像处理和图像变换后,图像的低位非常容易改变,攻击者只需通过简单地删除图像低位数据或者对数字图像进行简单的数学变换就可将空域 LSB 方法加入的水印信息滤除或破坏掉,因此,这种水印算法的鲁棒性非常弱。现在的数字水印软件已经很少采用 LSB 算法了[55]。不过,作为一种大数据量的信息隐藏方法,LSB 在隐蔽通信中仍占据着相当重要的地位,以 LSB 思想为原型[56,57],产生了一些变形的 LSB 方法[58,59],目前互联网上公开的图像信息隐藏软件大多使用这种方法。

最近几年,在一些新的空域算法中利用机器学习技术进行水印的嵌入和提取。例如,神经网络、遗传算法或者支持向量机已经用来去选择最佳水印嵌入位置或在空域中提取水印[60,61],因此水印抵抗常见攻击的鲁棒性得到提高。Fu 等人[61]算法的不足之处是依赖于相邻像素具有极高关联性的假设来提取水印,这样当宿主图像不均匀时,水印算法将失效。

2. Kutter 的方法

Kutter 提出了第一个彩色图像水印算法[62]，具体描述如下：设水印是长度为 X 的位信息，基于密钥 K 的伪随机序列决定了这些位信息在宿主图像中的嵌入位置。该方法的创新点在于依据水印密钥形成的位置来随机嵌入水印的。该算法的主要缺点是提取水印时需要知道前两位水印信息，而且，含水印的图像受到几何攻击或典型图像处理后容易产生虚检测的错误。后来，几个研究人员如 Yu 课题组或 Tsai 课题组建议来改善 Kutter 算法的性能[63,64]。Yu 算法与 Kutter 算法的最大区别在于算法中自适应阈值的估计。Yu 算法中通过利用神经网络产生的非线性映射来计算自适应阈值。但是，训练神经网络的学习算法经常收敛于局部最优。为了克服神经网络本质上的缺陷，Tsai 等人提出利用支持向量机来解决此问题[64]。在抵抗模糊或噪声攻击方面，Tsai 算法比 Kutter 和 Yu 的算法方法具有很高的鲁棒性；另外，Tsai 算法在抵抗诸如旋转和缩放等几何攻击方面具有较弱的鲁棒性[65]。

近几年，很多新的基于空域的彩色水印算法已被提出，水印的性能得到一定程度的提高。例如，文献[66]在空域中将水印直接嵌入彩色图像的 DC 分量，实验结果表明除了旋转攻击之外，所提算法具有较高的鲁棒性；文献[67]首先将原始宿主图像分割成不同尺寸的图像块，然后根据水印值来调整分块的亮度以达到嵌入水印的目的。文献[68]也提出基于分块的彩色图像空域算法，将原始图像分成不重叠的 8×8 分块，通过修改分块内的所有像素的强度值来嵌入水印。该方法中，水印的数量必须小于等于 8×8 分块总数量的一半。文献[69]提出了一种改进的基于分块的彩色图像水印算法。通过修改宿主图像蓝色分量中每一个 8×8 分块的像素值，分别将一个经过置乱的二值图像信息嵌入 4 个不同的位置，实验结果表明该水印算法对旋转、缩放、剪切、滤波等攻击具有较好的鲁棒性。

1.3.2 频域彩色水印技术研究现状

基于变换域的数字水印技术往往采用类似于扩频图像的技术来隐藏水印信息。这类技术一般基于常用的图像变换（基于局部或是全局的变换），这些变换包括离散余弦变换

(DCT)、离散小波变换(DWT)、傅氏变换(DFT)、傅里叶-梅林变换(Fourier-Mellin transform)以及哈达马变换(Hadamard transform)等[70]。

1. DCT 变换域方法

DCT 变换是常用的变换之一,最早的基于分块 DCT 的水印技术可见文献[71-74]。他们的数字水印方案是由一个密钥随机地选择图像的一些分块,在频域的中频上稍稍改变一个三元组以隐藏二进制序列信息。选择在中频分量编码,这是因为在高频编码易于被各种信号处理方法所破坏,而在低频编码则由于人的视觉对低频分量很敏感,对低频分量的改变易于被察觉。该数字水印算法对有损压缩和低通滤波是稳健的。

Cox 等人[72]提出了基于图像全局变换的数字水印算法。他们的重要贡献是明确提出加载在图像的视觉敏感部分的数字水印才能有较强的稳健性。他们的水印方案是先对整个图像 I 进行 DCT 变换,然后将水印加载到 DCT 域中幅值最大的前 k 个系数上(除去直流分量),通常为图像的低频分量。在这种 DCT 域嵌入算法的基础上,牛夏牧等人[73]较早地提出了一种彩色数字水印嵌入灰度级图像中的方法。利用静态图像的压缩编码技术,将彩色图像水印编码为一系列二值水印信息,以实现水印的嵌入。由于水印的嵌入过程是基于原始图像的 DCT 系数之间的关系,所以水印的提取不需要原始图像。该算法在保持 24 位彩色数字图像的质量品质系数为 70% 左右的情况下,将其压缩成为一个近似原始水印,因此无法真正获得其原始水印。文献[74]提出了一种以 DCT 静态图像压缩编码、人眼视觉特性(Human Visual System,HVS)为基础,提出一种将灰度图像嵌入原始彩色图像中的新数字水印算法。相对于文献[73],该算法能依据 HVS 进行嵌入深度的自适应调节,属于非盲提取算法。Piva 等人[75]提出基于不同颜色分量间的统计相关性的 DCT 算法,通过修改每一色彩分量中的一系列系数来嵌入水印,为了考虑色彩分量的敏感度,水印的嵌入强度根据不同的色彩进行不同的调整。

2. DWT 变换域方法

DWT 是一种时间/频率信号的多分辨率分析方法,在时/频域都具有表征信号局部特征的能力。根据人类视觉系统的照度掩蔽特性和纹理掩蔽特性,将水印嵌入图像的纹理和边缘等不易被察觉。相应于图像的小波变换域,图像的纹理、边缘等信息主要表现在 HH、HL 和 LH 细节子图中一些有较大值的小波系数上。这样可以通过修改这些细节子图上的某些小波系数来嵌入水印信息。

Hsieh 等人[76]提出计算宿主图像小波系数的熵来控制水印的不可见性和鲁棒性,这种 DWT 域自适应水印的优点是对于滤波攻击或图像压缩具有较好的鲁棒性。文献[77]充分利用人眼视觉特性,采用整形提升小波变换将压缩后的彩色图像水印嵌入灰度图像,姜明新等人[78]也提出利用整形小波变换和 HVS 将一有意义的二值水印嵌入彩色图像中的算法,这两种算法有效地克服了小波域水印算法普遍存在的舍入误差问题。Al-Otum 等人[79]提出一种鲁棒的基于小波变换的彩色图像盲水印算法。该算法首先形成每一个分量的小波树,利用两个不同分量的小波树来嵌入水印。通过修改两小波树之间的系数差值来保证嵌入的水印具有较高的鲁棒性,同时,可以有足够的系数被选择来嵌入水印,将水印错误减少到最低程度,提高了水印的不可见性。该文实验结果证明含水印图像的 PSNR 可以达到 $41.78 \sim 48.65 \mathrm{dB}$。Liu 等人[120]充分利用彩色图像的人眼视觉特性和量化噪声的可见性,提出了基于分块的 DWT 彩色图像水印技术。为了提高嵌入水印的鲁棒性及不可见性,该算法在宿主图像的亮度分量和色度分量进行 DWT 变换,并根据彩色图像中色彩噪声检测的阈值选取视觉上重要的小波系数分块并决定水印的嵌入强度,水印信息通过量化规则嵌入分块的小波系数中。实验结果表明该算法可以将 64×64 的 8 色水印图像嵌入 512×512 的宿主图像中,并具有较好的水印不可见性和较强的鲁棒性。

离散小波变换不仅可以较好地匹配 HVS 的特性,而且与 JPEG 2000、MPEG 4 压缩标准兼容,利用小波变换产生的水印具有良好的视觉效果和抵抗多种攻击的能力,因此,基于 DWT 域的数字水印技术是目前主要的研究方向,正逐渐代替 DCT 成为变换域数字水印算法的主要工具。

3. DFT 变换域方法

DFT 方法是利用图像的 DFT 的相位嵌入信息的方法。通信理论中调相信号的抗干扰能力比调幅信号抗干扰的能力强,同样在图像中利用相位信息嵌入的水印也比用幅值信息嵌入的水印更稳健,而且根据幅值对 RST(旋转、比例缩放、平移)操作的不变性,所嵌入的水印能抵抗图像的 RST 操作。这是针对几何攻击提出的方法。

DFT 方法的优点在于可以把信号分解为相位信息和幅值信息,具有更丰富的细节信息。Chen[80]、Tsui[81]所提出的基于 DFT 的水印算法对旋转攻击具有很强的鲁棒性。在 DFT 域中,由于相位信息对噪声具有很高的免疫能力,因此很适合用来嵌入水印位。而且根据 Chen 自适应的相位调整机制能动态调整相位变化,也能使嵌入的水印更加隐蔽。Tsui 提出了基于四元数傅里叶变换的彩色图像水印算法。由于使用了四元数,水印作为一频域向量被嵌入。为了使嵌入的水印不可见,Tsui 提出嵌入水印在 CIELab 彩色空间。但是 DFT 方法在水印算法中的抗压缩的能力还比较弱。目前基于 DFT 的水印算法研究也相对较少。

可以看出,变换域水印算法的共同特点是:首先,就是利用相应的变换方法(DCT、DWT、DFT 等)将数字图像的空间域数据转化为相应的频域系数;其次,根据待隐藏的信息类型,对其进行适当编码或变形;再次,确定某种规则或算法,用待隐藏信息的相应数据去修改前面选定的频域系数序列;最后,将数字图像的频域系数经相应的反变换转化为空间域数据。该类算法的隐藏和提取信息操作复杂,隐藏信息量不能很大,但抗攻击能力强,很适合于数字作品的版权保护。

1.3.3 基于色彩量化的水印技术研究现状

近几年,基于色彩量化处理的水印技术逐渐被提出来,它是根据要嵌入的水印信息,选用特定结构的量化器来量化载体系数的水印算法,其量化处理的目的是在最小化视觉扭曲的情况下,用一定数量的颜色来代表一幅彩色图像[82-89]。

利用色彩量化处理,Pei 等人[85]提出在同一宿主图像嵌入两个水印。首先,通过修改色彩量化得到的调色板将第一个水印嵌入色彩平面 a* b*,属于脆弱水印技术;其次,通过修改量化得到的灰度级调色板的索引将第二个水印嵌入亮度成分 L*,属于鲁棒水印技术。Tsai 等人[83]提出基于色彩量化的水印技术,它同时执行像素映射和水印的嵌入,对于具有均匀分布调色板的图像该方法具有很强的鲁棒性。最近,Chareyron 等人[90]提出了一种基于色彩量化的矢量水印算法,通过最少修改色彩量化选取的像素的颜色值将水印嵌入宿主图像是 xyY 空间(原作者命名的一种色彩空间模式)。该方案对于几何变换攻击和 JPEG 压缩攻击具有较强的鲁棒性,但是对于色彩柱状图的改变比较脆弱。

量化索引调制(QIM)的方法通过量化色彩量化表中的一个值来量化宿主图像中与之

索引相同的每一个像素的颜色以实现水印的嵌入[89]。Chou 等人[84]认为,大部分 QIM 的量化和处理过程没有根据 HVS 的敏感性进行优化。为了保证水印的不可见性,宿主图像的像素与其相对应的水印之间的颜色差应该均匀在整个图像上,于是,Chou 等人[84]提出对于具有合适量化步长的色彩空间可以应用均匀量化技术来确保相邻元素色差不被察觉,进一步提高水印的不可见性。

1.4　本章小结

　　本章从分析多媒体信息安全问题出发,首先介绍信息隐藏技术的基本术语、分类与发展;然后介绍信息隐藏技术领域的一个重要分支——数字水印技术的产生背景、基本概念与框架、常用的攻击方法与评价标准;最后介绍彩色图像数字水印的研究现状,并提出研究彩色图像数字水印技术的研究意义。

第 2 章　数字水印常用的数学知识

　　数字图像处理的方法主要分为空域分析法和频域分析法两大类。前者是直接对图像的像素进行分析处理,而后者是先对图像进行数学变换,将图像从空域变换到频域,然后再进行分析和处理。如今有许多数学变换,可以实现图像从空域到频域的变换。常见的有傅里叶变换、余弦变换、小波变换。本章主要介绍与数字水印相关的一些数学知识。

2.1　常用的图像变换

2.1.1　离散傅里叶变换

　　图像变换中,最基础的变换就是 Fourier 变换。通过 Fourier 变换,就可以在空域和频域中同时处理问题,Fourier 变换分为连续形式和离散形式,因为图像在计算机中的存储是数字形式的,而连续的傅里叶变换不适合计算机的数值运算,所以需要离散傅里叶变换(Discrete Fourier Transform,DFT)来表示离散信息,还可以用快速傅里叶变换(Fast Fourier Transform,FFT)来加快变换速度。

1. 一维离散傅里叶变换[91]

傅里叶变换在数学中的定义是非常严格的。

设 $f(x)$ 为 x 的函数,如果 $f(x)$ 满足下面的狄里赫莱条件:

(1) 具有有限个间断点。

(2) 具有有限个极点。

(3) 绝对可积。

则定义 $f(x)$ 的傅里叶变换公式为

$$F(u) = \frac{1}{N}\sum_{x=0}^{N-1} f(x)\mathrm{e}^{-j2\pi ux/N} \quad u = 0,1,2,\cdots,N-1 \qquad (2\text{-}1)$$

其逆变换公式如下:

$$f(x) = \frac{1}{N} \sum_{u=0}^{N-1} F(u) e^{j2\pi ux/N} \quad x = 0, 1, 2, \cdots, N-1 \tag{2-2}$$

其中，x 为时域变量；u 为频域变量。

2. 二维离散傅里叶变换

如果二维函数 $f(x,y)$ 满足狄里赫莱条件，那么它的二维傅里叶变换公式为

$$F(u,v) = \sum_{x=0}^{M-1} \sum_{y=0}^{N-1} f(x,y) e^{-j2\pi xu/M} e^{-j2\pi yv/N} \quad u = 0, 1, \cdots, M-1; v = 0, 1, \cdots, N-1 \tag{2-3}$$

其逆变换公式如下：

$$f(x,y) = \frac{1}{MN} \sum_{u=0}^{M-1} \sum_{v=0}^{N-1} F(u,v) e^{-j2\pi xu/M} e^{-j2\pi yv/N} \quad x = 0, 1, \cdots, M-1; y = 0, 1, \cdots, N-1 \tag{2-4}$$

$F(u,v)$ 称为 $f(x,y)$ 的离散傅里叶变换系数。

当 $u=0$，$v=0$ 时，其值 $F(0,0)$ 为傅里叶变换的直流分量（频率为 0）的值，当 u、v 由小变大时，表示频率由低变高的交流分量的值。若用 MATLAB 处理，矩阵下标的取值从 1 开始。

3. 三维连续傅里叶变换

三维傅里叶变换常应用于医学体数据、三维视频。

三维连续傅里叶变换可以从一维和二维傅里叶变换推广得到。

如果 $f(x,y,z)$ 连续可积，并且 $F(u,v,w)$ 可积，则存在以下傅里叶变换对，其中，u、v、w 为频率变量。

其正变换公式如下：

$$F(u,v,w) = \int_{-\infty}^{+\infty} \int_{-\infty}^{+\infty} \int_{-\infty}^{+\infty} f(x,y,z) e^{-j2\pi(ux+vy+uz)} \mathrm{d}x \mathrm{d}y \mathrm{d}z \tag{2-5}$$

其反变换公式如下：

$$f(x,y,z) = \int_{-\infty}^{+\infty} \int_{-\infty}^{+\infty} \int_{-\infty}^{+\infty} F(u,v,w) e^{-j2\pi(ux+vy+uz)} \mathrm{d}x \mathrm{d}y \mathrm{d}z \tag{2-6}$$

类似一维和二维傅里叶变换，三维傅里叶变换公式如下：

$$F(u,v,w) = R(u,v,w) + jI(u,v,w) \tag{2-7}$$

幅度谱为

$$|F(u,v,w)| = \sqrt{R^2(u,v,w) + I^2(u,v,w)} \qquad (2\text{-}8)$$

相位谱为

$$\theta(u,v,w) = \arctan\left|\frac{I(u,v,w)}{R(u,v,w)}\right| \qquad (2\text{-}9)$$

能量谱为

$$P(u,v,w) = |F(u,v,w)|^2 = R^2(u,v,w) + I^2(u,v,w) \qquad (2\text{-}10)$$

从物理意义上看,幅度谱表示各正弦分量的大小;相位谱表明各正弦分量在图像中的位置。对于全图来说,若各正弦分量的相位保持基本不变,图像就基本不变,而幅度谱对图像的影响较小。就图像的理解而言,相位更重要,若是在图像的相位中,提取图像的特征,这会更加符合人类视觉特性。大多数的滤波器对图像的相位基本不影响,只改变幅值。

2.1.2 离散余弦变换

离散余弦变换(Discrete Cosine Transform,DCT)是简化傅里叶变换的重要方法,从傅里叶变换的性质可以知道当离散的实函数 $f(x)$、$f(x,y)$ 或 $f(x,y,z)$ 为偶函数时,变换的计算只有余弦项,因此余弦变换与傅里叶变换一样具有明确的物理意义,可以说余弦变换是傅里叶变换的特例。DCT 变换避免了傅里叶变换中的复数运算,它是基于实数的正交变换。DCT 变换矩阵的基向量近似于 Toeplitz 矩阵的特征向量,而 Toeplitz 矩阵体现了人类语言及图像信号的相关特性,故常认为 DCT 变换是对语音和图像信号的最佳变换。同时,DCT 变换算法运算速度快、精度高,容易在数字信号处理器中实现,目前在图像处理中占有重要的地位,成为一系列有关图像编码的国际标准(JPEG、MPEG、H261/263)核心组成部分。

1. 一维离散余弦变换

一维离散信号 $f(x)$ 的离散余弦正变换公式如下:

$$F(u) = \sqrt{\frac{2}{N}}c(u)\sum_{x=0}^{N-1} f(x)\cos\frac{\pi(2x+1)u}{2N} \quad u = 0,1,\cdots,N-1 \qquad (2\text{-}11)$$

其中，$c(u) = \begin{cases} \dfrac{1}{\sqrt{2}} & u = 0 \\ 1 & \text{其他情况} \end{cases}$

一维离散余弦逆变换公式如下：

$$f(x) = \sqrt{\frac{2}{N}} \sum_{u=0}^{N-1} c(u) F(u) \cos \frac{\pi(2x+1)u}{2N} \quad x = 0, 1, \cdots, N-1 \tag{2-12}$$

2. 二维离散余弦变换

二维 DCT 可以使用一维 DCT 计算，然后计算垂直信号，因为 DCT 是一个可分离的函数。一个 $M \times N$ 矩阵 A 的二维离散余弦正变换（DCT）公式如下：

$$F(u, v) = \frac{2}{\sqrt{MN}} c(u) c(v) \left[\sum_{x=0}^{M-1} \sum_{y=0}^{N-1} f(x, y) \cos \frac{(2x+1)u\pi}{2N} \cos \frac{(2y+1)v\pi}{2M} \right]$$

$$u = 0, 1, \cdots, N-1; v = 0, 1, \cdots, M-1 \tag{2-13}$$

其中，

$$c(u) = \begin{cases} \sqrt{1/N} & u = 0 \\ \sqrt{2/N} & 1 \leqslant u \leqslant N-1 \end{cases}, \quad c(v) = \begin{cases} \sqrt{1/M} & v = 0 \\ \sqrt{2/M} & 1 \leqslant v \leqslant M-1 \end{cases}$$

二维离散余弦逆变换（IDCT）公式如下：

$$f(x, y) = \frac{2}{\sqrt{MN}} c(u) c(v) \left[\sum_{u=0}^{M-1} \sum_{v=0}^{N-1} F(u, v) \cos \frac{(2x+1)u\pi}{2M} \cos \frac{(2y+1)v\pi}{2N} \right]$$

$$x = 0, 1, \cdots, M-1; y = 0, 1, \cdots, N-1 \tag{2-14}$$

上述函数是一个可分离的函数，当 $v = 0, 1, \cdots, M-1$ 时，有

$$f(x, y) = \sqrt{\frac{2}{M}} \sum_{v=0}^{M-1} C(v) F(u, v) \cos \left[\frac{\pi(2y+1)v}{2M} \right]$$

当 $u = 0, 1, \cdots, N-1$ 时，有

$$f(x, y) = \sqrt{\frac{2}{N}} \sum_{u=0}^{N-1} C(u) F(u, y) \cos \left[\frac{\pi(2x+1)u}{2N} \right]$$

其中，x、y 为空间域采样值；u、v 为频率域采样值，在数字图像处理中，通常数字图像用像素方阵表示，即 $M = N$。

图像经二维 DCT 变换后，其系数可以分为一个 DC 分量和一系列的 AC 分量。其

中,DC 分量表示平均亮度,AC 分量集中了原图像块的主要能量。而 AC 分量又由 3 部分组成,即低频部分、中频部分、高频部分。其中,能量主要集中于低频系数中,中频系数中聚集着图像的一小部分能量,而高频系数则聚集着更少的能量。在 JPEG 压缩时,首先抛弃的就是 AC 分量中的高频成分,因此,把水印信号嵌入中低频部分的算法一般都具有较好的抗 JPEG 压缩,抗缩放重采样性。

3. 三维离散余弦变换

一个 $M \times N \times P$ 三维数据 A 的三维离散余弦正变换(3D DCT)公式如下:

$$F(u,v,w) = c(u)c(v)c(w)\left[\sum_{x=0}^{M-1} \sum_{y=0}^{N-1} \sum_{w=0}^{P-1} f(x,y,z)\cos\frac{(2x+1)u\pi}{2M} \right.$$

$$\left. \cos\frac{(2y+1)v\pi}{2N}\cos\frac{(2z+1)w\pi}{2P} \right]$$

$$u = 0,1,\cdots,M-1; v = 0,1,\cdots,N-1; w = 0,1,\cdots,P-1 \quad (2\text{-}15)$$

式(2-15)中:

$$c(u) = \begin{cases} \sqrt{1/M} & u = 0 \\ \sqrt{2/M} & u = 1,\cdots,M-1 \end{cases}$$

$$c(v) = \begin{cases} \sqrt{1/N} & v = 0 \\ \sqrt{2/N} & v = 1,\cdots,N-1 \end{cases}$$

$$c(w) = \begin{cases} \sqrt{1/P} & w = 0 \\ \sqrt{2/P} & w = 1,\cdots,P-1 \end{cases}$$

三维离散余弦逆变换(IDCT)公式如下:

$$f(x,y,z) = \sum_{x=0}^{M-1} \sum_{y=0}^{N-1} \sum_{p=0}^{P-1}\left[c(u)c(v)c(w)F(u,v,w)\cos\frac{(2x+1)u\pi}{2M} \right.$$

$$\left. \cos\frac{(2y+1)v\pi}{2N}\cos\frac{(2z+1)w\pi}{2P} \right]$$

$$u = 0,1,\cdots,M-1; v = 0,1,\cdots,N-1; w = 0,1,\cdots,P-1 \quad (2\text{-}16)$$

式(2-16)中:

$$c(u) = \begin{cases} \sqrt{1/M} & u = 0 \\ \sqrt{2/M} & u = 1, \cdots, M-1 \end{cases}$$

$$c(v) = \begin{cases} \sqrt{1/N} & v = 0 \\ \sqrt{2/N} & v = 1, \cdots, N-1 \end{cases}$$

$$c(w) = \begin{cases} \sqrt{1/P} & w = 0 \\ \sqrt{2/P} & w = 1, \cdots, P-1 \end{cases}$$

2.1.3　离散小波变换

数字水印的嵌入和检测工作通常涉及离散小波变换,因此先介绍一下连续小波变换,然后重点介绍二维离散小波变换和三维离散小波变换[92]。

小波分析方法是一种窗口大小(即窗口面积)固定但其形状可改变,时间窗和频率窗都可以改变的时频局部化分析方法。在低频部分具有较高的频率分辨率和较低的时间分辨率,所以它被誉为数学显微镜。正是这种特性使小波变换具有对信号的自适应性。原则上讲,传统上使用傅里叶分析的地方,都可以用小波分析取代。小波分析优于傅里叶变换的原因是,它在时域和频域同时具有良好的局部化性质,在时频两域都具有表征信号局部特征的能力,很适合于探测正常信号中夹带的瞬态反常现象并展示其成分。

设 $\psi(t) \in L^2(R)$,若其 Fourier 变换 $\hat{\psi}(\omega)$ 满足容许性条件

$$C_\psi = \int_R \frac{|\hat{\psi}(\omega)|^2}{|\omega|} \mathrm{d}\omega < \infty$$

则称 $\psi(t)$ 为一个基本小波或母小波(Mother Wavelet)。由基本小波 $\psi(t)$ 进行伸缩和平移,得到的一族函数:

$$\psi_{a,b}(t) = \frac{1}{\sqrt{a}} \psi\left(\frac{t-b}{a}\right) \quad a, b \in R, a > 0 \tag{2-17}$$

称为连续小波基函数(简称小波),其中,a 为尺度因子,b 为平移因子,它们均取连续变化的值。

1. 连续小波变换

定义 2.1 任意函数 $f(t) \in L^2(R)$ 的连续小波变换（Continue Wavelet Transform，CWT）为

$$Wf(a,b) = \int_R f(t) \frac{1}{\sqrt{a}} \psi^* \left(\frac{t-b}{a}\right) dt = \langle f, \psi_{a,b} \rangle \qquad (2\text{-}18)$$

若在小波变换中所采用的小波满足容许性条件，则逆变换存在。其逆变换为

$$f(t) = \frac{1}{C_\psi} \int_R \int_R Wf(a,b) \psi_{a,b}(t) \frac{da}{a^2} db \qquad (2\text{-}19)$$

连续小波变换具有以下重要性质。

（1）线性性。一个函数的连续小波变换等于该函数各分量的变换之和，公式表示如下：

若 $f(t) = f_1(t) + f_2(t) f(t) \leftrightarrow Wf(a,b) f_1(t) \leftrightarrow Wf_1(a,b) f_2(t) \leftrightarrow Wf_2(a,b)$

则

$$Wf(a,b) = Wf_1(a,b) + Wf_2(a,b)$$

（2）平移不变性。若 $f(t) \leftrightarrow Wf(a,b)$，则 $f(t-u) \leftrightarrow Wf(a,b-u)$。

（3）伸缩共变性。若 $f(t) \leftrightarrow Wf(a,b)$，则 $f(ct) \leftrightarrow c^{-1/2} Wf(ca,cb)$。

连续小波变换（CWT）的系数具有很大的冗余量。在连续变换的尺度 a 和时间 b 下小波基函数 $\psi_{a,b}(t)$ 具有很大的相关性，因而信号的小波变换系数 $Wf(a,b)$ 的信息量是冗余的。大多数情况下人们希望在不丢失原始信号信息的情况下，尽量减少小波变换系数的冗余度，从而提高压缩率。因此，引入了离散小波变换。

2. 离散小波变换

在实际应用中，尤其是在计算机上实现时，需要对连续小波函数 $\psi_{a,b}(t)$ 和连续小波变换 $Wf(a,b)$ 加以离散化。这里所谓的离散化是针对尺度因子 a 和平移因子 b 的离散，而不是对时间 t 的离散。

通常，将尺度因子 a 和平移因子 b 的离散化公式分别取作 $a = 2^j$，$b_{j,k} = 2^j k$，其中 $j, k \in Z$，则对应的离散小波函数 $\psi_{j,k}(t)$ 为

$$\psi_{j,k}(t) = \frac{1}{\sqrt{2^j}} \psi\left(\frac{t}{2^j} - k\right) \tag{2-20}$$

此时,任意函数 $f(t) \in L^2(R)$ 的离散小波变换可表示为

$$Wf(j,k) = \int_R f(t) \frac{1}{\sqrt{2^j}} \psi^*\left(\frac{t}{2^j} - k\right) \mathrm{d}t = <f, \psi_{j,k}> \tag{2-21}$$

1) 二维离散小波变换

在一维变换的基础上,很容易将小波变换扩展到二维变换。在二维情况下,需要一个二维尺度函数 $\phi(x,y)$,只考虑尺度函数是可分离的情况,即

$$\phi(x,y) = \phi(x) \cdot \phi(y) \tag{2-22}$$

其中, $\phi(x)$ 是一维尺度函数。

(1) 正变换。

从一幅 $N \times N$ 的图像 $f(z,y)$ 开始,其中 N 是 2 的幂,下标 j 表示分辨率参数,尺度是 $2j$。 $j=0$,原图像的尺度为 1,它是第 0 层分辨率信号。随着 j 每一次增大,都使尺度加倍,而使分辨率减半。二维离散小波变换按如下方式进行:在变换的每一层次,图像都被分解为 4 个 1/4 大小的图像,它们都是由原图与一个小波基图像的内积后,再经过在行和列方向进行 2 倍的间隔抽样而生成的。

由图 2.1 可以看到图像小波变换就是利用滤波器模块对图像进行水平和垂直方向的滤波,在每一尺度下, $f_j^0(m,n)$ 包含前一层的低频近似分量, $f_j^1(m,n)$ 、 $f_j^2(m,n)$ 和 $f_j^3(m,n)$ 分别包含水平、垂直和高频部分的细节分量。

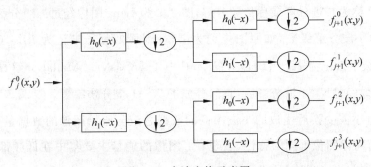

图 2.1　小波变换示意图

（2）逆变换。

逆变换与正变换的过程类似,在每一层,通过在每一列的左边插入一列零来增频采样前一层的 4 个阵列;接着用 $h_0(-x)$ 和 $h_1(-x)$ 来卷积各行,再成对地把这几个 $(N \times N)/2$ 的阵列加起来;然后通过在每行上面插入一行零来将刚才所得的两个阵列的增频采样为 $N \times N$;再用 $h_0(-x)$ 和 $h_0(-x)$ 与这两个阵列的每列卷积。这两个阵列的和就是这一层重建的结果。小波逆变换实现过程如图 2.2 所示。

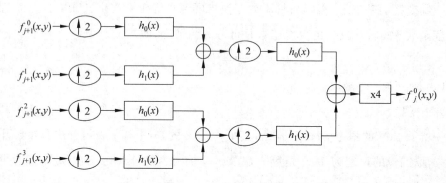

图 2.2　小波逆变换示意图

对于数字图像信号而言,通过小波变换,就是对图像进行多分辨率分解,把图像分解成不同空间、不同频率的子图像,图像经过小波变换后被分割成 4 个频带:水平子带 HL、垂直子带 LH 和对角子带 LH（第一个字母表示水平方向的频率,第二个字母表示垂直方向的频率）。如果进行多级分辨,可以对 LL 子带继续进行二维离散小波变换,因此 Mallat 分解又称为二进分解或称倍频分解,图 2.3 为 Lena 图像经过二级分解后的子带结构。令 N_L 为小波分解级数,如原图像记为 LL_0,则最低频子带记为 LL_{NL}（也可简记为 LL）,其他各级子带记为 HL_K、LH_K、HH_K,其中 $1 \leqslant K \leqslant N_K$。Mallat 分解具有许多分辨率的特征,图像经过 N_L 小波分解后,自然分成了 $N+1$ 个分辨率。

图像经过小波变换后生成的小波图像的数据总量与原始图像的数据量相同,生成的小波图像具有与原图像不同的特性,表现在:图像的能量主要集中在低频部分,而水平、垂直和对角线部分的能量则较少。

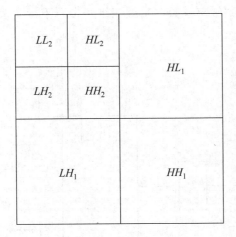

图 2.3　Lena 的两级小波分解

其中,L 表示低通滤波;H 表示高通滤波。LL_2 原始亮度图像的二级逼近子图,集中了图像的绝大多数能量;中频子带 HL_K、LH_K ($k \in \{1,2\}$)分别是原始图像在水平和垂直方向的细节;高频子带:HH_K ($k \in \{1,2\}$)是原始图像在对角方向的细节。基于小波变换的图像多分辨率分解特点表明,它具有良好的空间方向选择性。

根据 Lena 分解后的小波图像,LL 子带图像集中了原始 Lena 图像的绝大多数能量,称为原始图像的逼近子图。子带图像 HL、LH 和 HH 分别保持了原图的垂直边缘细节、水平边缘细节和对角边缘细节,它们刻画了图像的细节特性,称为细节子图。为了提高水印的鲁棒性能,研究者常将水印嵌入图像的低频部分。

2）三维离散小波变换

对于三维数字体数据信号而言,通过小波变换,就是对体数据进行多分辨率分解,把图像分解成 X、Y、Z 不同方向上的子图像。体数据经过三维小波变换后被分割成 8 个频带。

三维小波变换的一层分解过程如图 2.4 所示,图中的 L 和 H 分别表示序列经过低频和高频滤波之后得到的低频成分和高频成分,与二维图像的小波变换类似,体数据经过三维小波变换后,被分解成一个代表体数据低频特性的"近似系数"LLL_1（低频三维子带），和该体数据的高频信息的"细节系数"（高频三维子带），下标 1 表示是三维 DWT 的第一层分解。

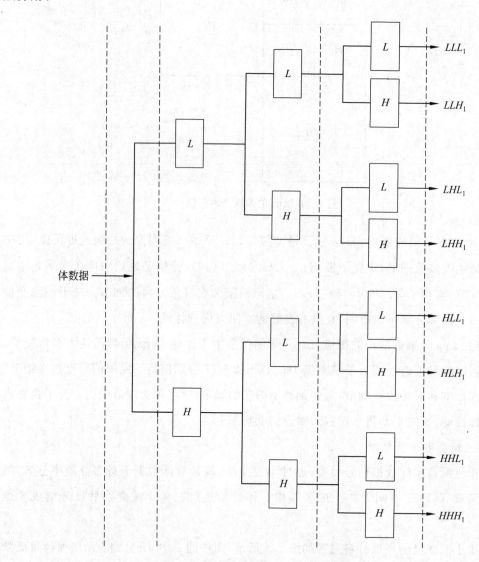

图 2.4　三维小波变换的一层分解过程

2.2　常用的矩阵分解

2.2.1　SVD 分解

数字水印技术中通常涉及矩阵特征的应用，如奇异矩阵的三角分解应用于水印的嵌入算法、基于矩阵特征值的数字水印算法。本节着重介绍矩阵的特征值和特征向量的一些知识。

1. 矩阵的基础知识回顾

定义 2.2　已知 n 阶矩阵 $\boldsymbol{A} = (a_{ij})$，则

$$\phi(\lambda) = \det(\lambda \boldsymbol{I} - \boldsymbol{A}) = \det \begin{bmatrix} \lambda - a_{11} & -a_{12} & \cdots & -a_{1n} \\ -a_{21} & \lambda - a_{22} & \cdots & -a_{2n} \\ \vdots & \vdots & \ddots & \vdots \\ -a_{n1} & -a_{n2} & \cdots & \lambda - a_{nn} \end{bmatrix}$$

$$= \lambda^n - (a_{11} + a_{22} + \cdots + a_{nn})\lambda^{n-1} + (\text{次数} \leqslant n-2 \text{ 的项}) \tag{2-23}$$

一般有 n 个根（实的或复的，复根按重数计算）称为 $\boldsymbol{A}$ 的特征值。用 $\lambda_{(\boldsymbol{A})}$ 表示 $\boldsymbol{A}$ 的所有特征值的集合。

注：当 $\boldsymbol{A}$ 为实矩阵时，$\Psi(\lambda) = 0$ 为实系数 n 次代数方程，其复根是共轭成对出现。

下面叙述有关特征值的一些结论。

定理 2.1　设 $\lambda_i (i = 1, 2, \Lambda, n)$ 为 n 阶矩阵 $\boldsymbol{A} = (a_{ij})$ 的特征值，则有

(1) $\sum\limits_{i=1}^{n} \lambda_i = \sum\limits_{i=1}^{n} a_{ii} = tr(\boldsymbol{A})$ 称为 $\boldsymbol{A}$ 的迹。

(2) $|A| = \lambda_1 \lambda_2 \Lambda \lambda_n$。

定理 2.2　设 $\boldsymbol{A} \in R^{n \times n}$，则有

$$\lambda(\boldsymbol{A}^{\mathrm{T}}) = \lambda(\boldsymbol{A}) \tag{2-24}$$

定理 2.3　设 $\boldsymbol{A}$ 为分块上三角矩阵，即

$$A = \begin{bmatrix} A_{11} & A_{12} & \cdots & A_{1m} \\ & A_{22} & \cdots & A_{2m} \\ & & \ddots & \vdots \\ & & & A_{mm} \end{bmatrix},$$

其中,每个对角块 A_{ii} 均为方阵,则

$$\lambda(A) = \sum_{i=1}^{n} \lambda(A_{ii}) \tag{2-25}$$

定理 2.4 设 A 与 B 为相似矩阵(即存在非奇异矩阵 P 使 $B=P^{-1}AP$),则

(1) A 与 B 有相同的特征值。

(2) 如果 y 是 B 的特征向量,则 P_y 是 A 的特征向量。

定理 2.4 说明,一个矩阵 A 经过相似变换,其特征值不变。

定义 2.3 如果实矩阵 A 有一个重数为 k 的特征值 λ,且对应于 λ 的 A 的线性无关的特征向量个数 $<k$,则 A 称为亏损矩阵。

一个亏损矩阵是一个没有足够特征向量的矩阵,亏损矩阵在理论上和计算上都存在困难。

定理 2.5 如果 $A \in R_{n \times n}$ 可对角化,则存在非奇异矩阵 P 使

$$P^{-1}AP = \begin{bmatrix} \lambda_1 & & & \\ & \lambda_2 & & \\ & & \ddots & \\ & & & \lambda_n \end{bmatrix} \tag{2-26}$$

的充分必要条件是 A 具有 n 个线性无关的特征向量。

如果 $A \in R_{n \times n}$ 有 m 个($m \leqslant n$)不同的特征值 λ_1、λ_2、Λ、λ_m,则对应的特征向量 X_1、X_2、Λ、X_m 线性无关。

定理 2.6(对称矩阵的正交约化) 设 $A \in R_{n \times n}$ 为对称矩阵,则

(1) A 的特征值均为实数。

(2) A 有 n 个线性无关的特征向量。

(3) 存在一个正交矩阵 P 使得

$$\boldsymbol{P}^{\mathrm{T}}\boldsymbol{AP} = \begin{bmatrix} \lambda_1 & & & \\ & \lambda_2 & & \\ & & \ddots & \\ & & & \lambda_n \end{bmatrix} \tag{2-27}$$

且 λ_1、λ_2、Λ、λ_n 为 $\boldsymbol{A}$ 的特征值,而 $\boldsymbol{P}=(u_1,u_2,\Lambda,u_n)$,列向量 u_j 为 $\boldsymbol{A}$ 的对应于 λ_j 的单位特征向量。

定理 2.7　（Gerschgorin 圆盘定理）

(1) 设 n 阶矩阵 $\boldsymbol{A}=(a_{ij})$,则 $\boldsymbol{A}$ 的每一个特征值必属于下面某个圆盘之中,即

$$|\lambda - a_{ii}| \leqslant r_i = \sum_{\substack{j=1 \\ j \neq i}}^{n} |a_{ij}| \quad (i=1,2,\cdots,n) \tag{2-28}$$

或者说 $\boldsymbol{A}$ 的特征值都在 n 个圆盘的并集中。

(2) 如果 $\boldsymbol{A}$ 有 m 个圆盘组成一个连通的并集 S,且 S 与余下 $n-m$ 个圆盘是分离的,则 S 内恰包含 $\boldsymbol{A}$ 的 m 个特征值。

特别地,如果 $\boldsymbol{A}$ 的一个圆盘 D_i 是与其他圆盘分离(即孤立圆盘),则 D_i 中精确地包含 $\boldsymbol{A}$ 的一个特征值。

证明:只就(1)给出证明,设 λ 为 $\boldsymbol{A}$ 的特征值,即 $\boldsymbol{A}x=\lambda x$,其中 $X=(x_1,x_2,\Lambda,x_n)T\neq 0$。记 $|x_k|=\max|x_i|=\|x\|_\infty \neq 0$,考虑 $\boldsymbol{A}x=\lambda x$ 的第 k 个方程,即

$$\sum_{j=1}^{n} a_{kj}x_j = \lambda x_k$$

或

$$(\lambda - a_{kk})x_k = \sum_{j \neq k} a_{kj}x_j$$

于是

$$|\lambda - a_{kk}\|x_k| \leqslant \sum_{j \neq k} |a_{kj}\|x_j| \leqslant |x_k| \sum_{j \neq k} |a_{kj}|$$

即

$$|\lambda - a_{kk}| \leqslant \sum_{\substack{j=1 \\ j \neq k}}^{n} |a_{kj}| = r_k$$

这说明，A 的每一个特征值必位于 A 的一个圆盘中，并且相应的特征值 λ 一定位于第 k 个圆盘中(其中 k 是对应特征向量 x 绝对值最大的分量的下标)。

利用相似矩阵性质，有时可以获得 A 的特征值进一步的估计，即适当选取非奇异对角阵

$$
D^{-1} = \begin{bmatrix} \alpha_1^{-1} & & & \\ & \alpha_2^{-1} & & \\ & & \ddots & \\ & & & \alpha_n^{-1} \end{bmatrix}
$$

并作相似变换

$$
D^{-1}AD = \left(\frac{a_{ij}a_j}{a_i}\right)_{n\times n} \tag{2-29}
$$

2. 幂法及反幂法

幂法与反幂法都是求实矩阵的特征值和特征向量的向量迭代法，所不同的是幂法是计算矩阵的主特征值(矩阵按模最大的特征值称为主特征值，其模就是该矩阵的谱半径)和相应特征向量的一种向量迭代法，而反幂法则是计算非奇异(可逆)矩阵按模最小的特征值和相应特征向量的一种向量迭代法，下面分别介绍幂法与反幂法。

1) 幂法(又称为乘幂法)

设实矩阵 $A=(a_{ij})$ 有一个完全的特征向量组，即 A 有 n 个线性无关的特征向量，设矩阵 A 的特征值为 x_1、x_2、Λ、x_n，相应的特征向量为 x_1、x_2、Λ、x_n。已知 A 的主特征值 λ_1 是实根，且满足条件：(1) $|\lambda_1| > |\lambda_2| \geqslant \cdots \geqslant |\lambda_n|$；(2) $Ax_i = \lambda_i x_i (i=1,2,\cdots,n)$。现讨论求 λ_1 及 X_1 的方法。

幂法的基本思想是：任取非零的初始向量 v_0，由矩阵 A 构造一向量序列 $\{v_k\}$：

$$
\begin{cases} v_1 = Av_0 \\ v_2 = Av_1 = A^2 v_0 \\ \vdots \\ v_{k+1} = Av_k = A^{k+1} v_0 \\ \vdots \end{cases} \tag{2-30}
$$

称为迭代向量,由假设,v_0 可唯一表示为

$$v_0 = a_1 x_1 + a_2 x_2 + \cdots + a_n x_n \quad (\text{设 } a_1 \neq 0) \tag{2-31}$$

于是

$$v_k = \boldsymbol{A} v_{k-1} = \boldsymbol{A}^k v_0 = a_1 \lambda_1^k x_1 + a_2 \lambda_2^k x_2 + \cdots + a_n \lambda_n^k x_n$$

$$= \lambda_1^k \left[a_1 x_1 + \sum_{i=2}^{n} a_i (\lambda_i / \lambda_1)^k x_i \right] \equiv \lambda_1^k (a_1 x_1 + \varepsilon_k)$$

其中

$$\varepsilon_k = \sum_{i=2}^{n} a_i (\lambda_i / \lambda_1)^k x_i$$

由假设条件可以得出 $\lim\limits_{k \to \infty} \dfrac{v_k}{\lambda_1^k} = a_1 x_1$ 为 λ_1 的特征向量。

所以当 k 充分大时,有

$$v_k \approx \lambda_1^k a_1 x_1 \tag{2-32}$$

即为矩阵 $\boldsymbol{A}$ 的对应特征值 λ_1 的一个近似特征向量。

由于

$$v_{k+1} = \boldsymbol{A} v_k \approx \lambda_1^{k+1} a_1 x_1 \approx \lambda_1 v_k \tag{2-33}$$

用 $(v_k)_i$ 表示 v_k 的第 i 个分量,则当 k 充分大时,有

$$\frac{(v_{k+1})_i}{(v_k)_i} \approx \lambda_1 \tag{2-34}$$

即为 $\boldsymbol{A}$ 的主特征值 λ_1 的近似值。

这种由已知非零向量 $\boldsymbol{V}_0$ 及矩阵 $\boldsymbol{A}$ 的乘幂 $\boldsymbol{A}_K$ 构造向量序列 $\{v_k\}$ 以计算 $\boldsymbol{A}$ 的主特征值 λ_1 及相应特征向量的方法就称为幂法。

迭代公式实质上是由矩阵 $\boldsymbol{A}$ 的乘幂 $\boldsymbol{A}_K$ 与非零向量 $\boldsymbol{V}_0$ 相乘来构造向量序列 $\{\boldsymbol{V}_K\} = \{\boldsymbol{A}_K \boldsymbol{V}_0\}$,从而计算主特征值 λ_1 及其对应的特征向量,这就是幂法的思想。$\dfrac{(v_{k+1})_i}{(v_k)_i} \to \lambda_1 (k \to \infty)$ 的收敛速度由比值 $r = \left| \dfrac{\lambda_2}{\lambda_1} \right|$ 来确定,r 越小收敛越快,但当 $r \approx 1$ 时收敛可能很慢。

定理 2.8　设 $\boldsymbol{A} \in R_{n \times n}$ 有 n 个线性无关的特征向量,主特征值 λ_1 满足 $|\lambda_1| \geqslant |\lambda_2| \geqslant$

$\Lambda \geqslant |\lambda_n|$，则对任意非零初始向量 $v_0 = u_0(a_1 \neq 0)$，有幂法计算公式为

$$\begin{cases} v_0 = u_0 \neq 0 \\ v_k = Au_{k-1} \\ \mu_k = \max(v_k) \quad (k = 1, 2, \cdots) \\ u_k = v_k / \mu_k \qquad \text{向量的规范化} \end{cases} \tag{2-35}$$

则有

$$\lim_{k \to \infty} u_k = \frac{x_1}{\max(x_1)}$$

2）反幂法

反幂法是用于求非奇异矩阵 A 的按模最小的特征值和对应特征向量的方法。而结合原点平移法的反幂法则可以求矩阵 A 的任何一个具有先了解的特征值和对应的特征向量。

设矩阵 A 非奇异，其特征值 $\lambda_i(i = 1, 2, \Lambda, n)$，满足：① $|\lambda_1| \geqslant |\lambda_2| \geqslant \cdots \geqslant |\lambda_{n-1}| > |\lambda_n| > 0$；② $Ax_i = \lambda_i x_i \Leftrightarrow A^{-1}x_i = \lambda_i^{-1}x_i$，其相应的特征向量 x_1、x_2、Λ、x_n 线性无关，则 A^{-1} 的特征值为 $1/\lambda_i$，对应的特征向量仍为 $x_i(i = 1, 2, \Lambda, n)$。此时，$A^{-1}$ 的特征值满足：

$$\left| \frac{1}{\lambda_n} \right| > \left| \frac{1}{\lambda_{n-1}} \right| \geqslant \cdots \geqslant \left| \frac{1}{\lambda_1} \right|$$

因此，对 A 应用幂法，可求出其主特征值 $1/\lambda_n \approx \mu_k$ 和特征向量 $x_n \approx u_k$。从而求得 A 的按模最小特征值 $1/\lambda_n \approx \mu_k$ 和对应的特征向量 $x_n \approx u_k$，这种求 A^{-1} 的方法就称为反幂法。

反幂法的迭代公式为

$$\begin{cases} v_k = A^{-1}u_{k-1} \\ \mu_k = \max(v_k) \quad (k = 1, 2, \cdots) \\ u_k = v_k / \mu_k \end{cases} \tag{2-36}$$

为了避免求 A^{-1}，可通过解线性方程组 $Av_k = u_{k-1}$ 得到 v_k，采用 LU 分解法，即先对 A 进行 LU 分解，$A = LU$，此时反幂法的迭代公式为

$$\begin{cases} \text{解 } \boldsymbol{L}z_k = u_{k-1}, \text{求出 } z_k \\ \text{解 } \boldsymbol{U}v_k = z_k, \text{求出 } v_k \\ \mu_k = \max(v_k) \\ u_k = v_k/\mu_k \end{cases} \qquad (k=1,2,\cdots) \qquad (2\text{-}37)$$

其中，

$$\lambda_n \approx \frac{1}{\mu_k}, \quad x_n \approx u_k$$

对于给定的误差 ε，当 $|\mu_k - \mu_{k-1}| < \varepsilon$ 时，得

$$\lambda_n \approx \frac{1}{\mu_k}, \quad x_n \approx u_k$$

显然，反幂法的收敛速度取决于比值 $\left| \dfrac{\lambda_n}{\lambda_{n-1}} \right|$，比值越小，收敛越快。

定理 2.9　设 $A \in R_{n \times n}$ 为非奇异矩阵，且有 n 个线性无关的特征向量，其对应的特征值满足 $|\lambda_1| \geqslant |\lambda_2| \geqslant \Lambda \geqslant |\lambda_n - 2| > |\lambda_n| > 0$

则对任意非零初始向量 $u_0 (x_n \neq 0)$，由反幂法计算公式构造的向量序列 $\{v_k\}$、$\{u_k\}$ 满足：

(1) $\lim\limits_{k \to \infty} u_k = \dfrac{x_n}{\max(x_n)}$。

(2) $\lim\limits_{k \to \infty} \max(v_k) = \dfrac{1}{\lambda_n}$。

在反幂法中也可以用原点平移法加速迭代过程，或求其他特征值与其对应的特征向量。如果矩阵 $(A - pI)^{-1}$ 存在，显然其特征值为

$$\frac{1}{\lambda_1 - p}, \frac{1}{\lambda_2 - p}, \cdots, \frac{1}{\lambda_n - p} \qquad (2\text{-}38)$$

对应的特征向量仍然是 x_1、x_2、Λ、x_n，现对矩阵 $(A - pI)^{-1}$ 应用幂法，得到反幂法的迭代公式：

$$\begin{cases} u_0 = v_0 \neq 0, \text{初始向量} \\ v_k = (A - pI)^{-1} u_{k-1}, \\ \vdots \\ u_k = v_k/\max(\mu_k) \end{cases} \qquad (k=1,2,\cdots) \qquad (2\text{-}39)$$

如果 p 是 $\boldsymbol{A}$ 的特征值 λ_j 的一个近似值,且设 λ_j 与其他特征值是分离的,即

$$|\lambda_j - p| \ll |\lambda_i - p| \quad (i \neq j)$$

就是说 $1/(\lambda_j - p)$ 是矩阵 $(\boldsymbol{A} - p\boldsymbol{I})^{-1}$ 的主特征值,可用反幂法计算特征值及特征向量,见式(2-39)。设 $\boldsymbol{A} \in R_{n \times n}$ 有 n 个线性无关的特征向量 x_1、x_2、Λ、x_n,则

$$u_0 = \sum_{i=1}^{n} a_i x_i \quad (a_j \neq 0) \tag{2-40}$$

$$v_k = \frac{(\boldsymbol{A} - p\boldsymbol{I})^{-k} u_0}{\max((\boldsymbol{A} - p\boldsymbol{I})^{-(k-1)} u_0)} \tag{2-41}$$

$$u_k = \frac{(\boldsymbol{A} - p\boldsymbol{I})^{-k} u_0}{\max((\boldsymbol{A} - p\boldsymbol{I})^{-k} u_0)} \tag{2-42}$$

其中,

$$(\boldsymbol{A} - p\boldsymbol{I})^{-k} u_0 = \sum_{i=1}^{n} a_i (\lambda_i - p)^{-k} x_i$$

定理 2.10 设 $\boldsymbol{A} \in R_{n \times n}$ 有 n 个线性无关的特征向量,矩阵 $\boldsymbol{A}$ 的特征值及对应的特征向量分别记为 λ_i 及 $x_i (i=1, 2, \cdots, n)$,而 p 为 λ_j 的近似值,$(\boldsymbol{A} - p\boldsymbol{I})^{-1}$ 存在,且

$$|\lambda_j - p| \ll |\lambda_i - p| \quad (i \neq j)$$

则对任意非零初始向量 $u_0 (a_j \neq 0)$,由反幂法计算式(2-41)构造的向量序列 $\{v_k\}$、$\{u_k\}$ 满足:

(1) $\lim\limits_{k \to \infty} u_k = \dfrac{x_j}{\max(x_j)}$。

(2) $\lim\limits_{k \to \infty} \max(v_k) = \dfrac{1}{\lambda_j - p}$,即 $p + \dfrac{1}{\max(v_k)} \to \lambda_j$。

且收敛速度为

$$r = |\lambda_j - p| \, / \, \min_{i \neq j} |\lambda_i - p|$$

由该定理可知,对 $\boldsymbol{A} - p\boldsymbol{I}$(其中 $p \approx \lambda_j$)应用反幂法,可用来计算特征向量 x_j,只要选择 p 是 λ_j 的一个较好的近似且特征值分离情况较好,一般 r 很小,常常只要迭代一、二次就可完成特征向量的计算。

反幂法迭代公式中的 v_k 是通过解方程组 $(\boldsymbol{A} - p\boldsymbol{I}) v_k = u_{k-1}$ 求得的,为了节省工作量,可以先进行三角分解 $\boldsymbol{P}(\boldsymbol{A} - p\boldsymbol{I}) = \boldsymbol{LU}$,于是求 v_k 相对于解两个三角形方程组 v_k:

$$Ly_k = Pu_{k-1}, \quad Uv_k = y_k$$

实验表明,按下述方法选择 u_0 是较好的:选 u_0 使

$$Uv_1 = L^{-1}Pu_0 = (1,1,\cdots,1) \tag{2-43}$$

用回代求解式(2-43)即得 v_1,然后再按式(2-39)进行迭代。

定理 2.11(奇异值分解定理)　设 A 是秩为 $r(r>0)$ 的 $m \times n$ 复矩阵,则存在 m 阶酉矩阵 U 与 n 阶酉矩阵 V,使得

(1) $U^H AV = \begin{bmatrix} \Sigma & 0 \\ 0 & 0 \end{bmatrix}$。

其中,$\Sigma = \mathrm{diag}(\sigma_1,\sigma_2,\cdots,\sigma_r)$,$\sigma_i(i=1,2,\cdots,r)$ 为矩阵 A 的全部非零奇异值。

证明:设 Hermite 矩阵 $A^H A$ 的 n 个特征值按大小排列为

$$\lambda_1 \geqslant \lambda_2 \geqslant \cdots \geqslant \lambda_r > \lambda_{r+1} = \cdots = \lambda_n = 0$$

则存在 n 阶酉矩阵 V,使得

$$(2)\ V^H(A^H A)V = \begin{bmatrix} \lambda_1 & & \\ & \ddots & \\ & & \lambda_n \end{bmatrix} = \begin{bmatrix} \Sigma^2 & 0 \\ 0 & 0 \end{bmatrix} \tag{2-44}$$

将 V 分块为 $V=(V_1,V_2)$,

其中,V_1、V_2 分别是 V 的前 r 列与后 $n-r$ 列。

并改写式(2-44)为

$$V^H A^H AV = V \begin{bmatrix} \Sigma^2 & 0 \\ 0 & 0 \end{bmatrix} V^H$$

则有

$$A^H AV_1 = V_1 \Sigma^2 \quad A^H AV_2 = 0 \tag{2-45}$$

由定理 2.11 的第(1)式可得

$$V^H A^H AV_1 = \Sigma^2 \quad 或者 \quad (AV_1\Sigma)^H(AV_1\Sigma) = E_r$$

由定理 2.11 的第(2)式可得

$$(AV_2)^H(AV_2) = 0 \quad 或者 \quad AV_2 = 0$$

令 $U_1 = AV_1\Sigma^{-1}$，则 $U_1^H U_1 = E_r$，即 U_1 的 r 个列是两两正交的单位向量。记作 $U_1 = (u_1, u_2, \cdots, u_r)$，因此可将 $u_1, u_2, \cdots, u_r$ 扩充成 C^m 的标准正交基，记增添的向量为 $u_{r+1}, \cdots, u_m$，并构造矩阵 $U_2 = (u_{r+1}, \cdots, u_m)$，则

$$U = (U_1, U_2) = (u_1, u_2, \cdots, u_r, u_{r+1}, \cdots, u_m)$$

是 m 阶酉矩阵，且有 $U_1^H U_1 = E_r, U_2^H U_1 = 0$。

于是可得

$$U^H AV = U^H (AV_1, AV_2) = \begin{bmatrix} U_1^H \\ U_2^H \end{bmatrix} (U_1\Sigma, 0) = \begin{bmatrix} \Sigma & 0 \\ 0 & 0 \end{bmatrix}$$

于是可得

$$A = U \begin{bmatrix} \Sigma & 0 \\ 0 & 0 \end{bmatrix} V^H = \sigma_1 u_1 v_1^H + \sigma_2 u_2 v_2^H + \cdots + \sigma_r u_r v_r^H \tag{2-46}$$

称式(2-46)为矩阵 A 的奇异值分解。

矩阵的奇异值分解不但在线性方程组、矩阵范数、广义逆、最优化等方面有着广泛的应用，而且在数字计算、数字图像处理、信息检索、心理学等领域也有着极重要的应用。有兴趣的读者可以自己去查阅相关矩阵书籍。

2.2.2　Schur 分解

在矩阵分解中，通常用到的一个分解是 Schur 分解，本节主要介绍矩阵理论中关于 Schur 的一些定理[93]。

定义 2.4　设 $A, B \in R^{n\times n}(C^{n\times n})$，如果存在 n 阶正交(酉)矩阵 U，使得

$$U^T AU = U^{-1} AU = B(U^H AU = U^{-1} AU = B) \tag{2-47}$$

则称 A 正交相似于 B。

定理 2.12(Schur 定理)　任何一个 n 阶复矩阵都相似于一个上三角矩阵，即存在一个 n 阶矩阵 U 和一个 n 阶上三角矩阵 R，使得

$$U^H AU = R \tag{2-48}$$

其中，R 的对角元是 A 的特征值，它们可以按照要求的次序排列。

定义 2.5　设 $A \in C^{n\times n}$ 如果

$$AA^{\mathrm{H}} = A^{\mathrm{H}}A \tag{2-49}$$

则称 A 为正规矩阵。

显然,对角矩阵、Hermite 矩阵、反 Hermite 矩阵、正交矩阵都是正规矩阵。

定理 2.13(实 Schur 分解)　设 $A \in R_{n \times n}$,则存在正交矩阵 Q 使

$$Q^{\mathrm{T}}AQ = \begin{bmatrix} R_{11} & R_{12} & \cdots & R_{1m} \\ & R_{22} & \cdots & R_{2m} \\ & & \ddots & \vdots \\ & & & R_{mm} \end{bmatrix}, \tag{2-50}$$

其中,$R_{ii}(i=1,2,\Lambda,n)$ 为一阶或二阶方阵,且每个一阶 R_{ii} 是 A 的实特征值,每个二阶对角的两个特征值是 A 的两个共轭复特征值。

2.2.3　QR 分解

Rutishauser 利用矩阵的三角分解提出了计算矩阵特征值的 LR 算法,Francis 利用矩阵的 QR 分解建立了计算矩阵特征值的 QR 算法。QR 方法是一种变换方法,是计算一般矩阵(中小型矩阵)全部特征值问题的最有效方法之一。

目前 QR 方法主要用来计算:

(1) 上 Hessenberg 矩阵的全部特征值问题。

(2) 计算对称三对角矩阵的全部特征值问题。

定理 2.14(基本 QR 方法)　设 $A = A_1 \in R^{n \times n}$,构造 QR 算法:

$$\begin{cases} A_k = Q_k R_k & (\text{其中},Q_k^{\mathrm{T}}Q_k = I, R_k \text{ 为上三角阵}) \\ A_{k+1} = R_k Q_k & (k = 1,2,\cdots) \end{cases} \tag{2-51}$$

记 $\widetilde{Q}_k = Q_1 Q_2 \cdots Q_k$,$\widetilde{R}_k = R_k \cdots R_2 R_1$,则有:

(1) A_{k+1} 相似于 A_k,即 $A_{k+1} = Q_k^{\mathrm{T}}AQ_k$。

(2) $A_{k+1} = (Q_1 Q_2 \cdots Q_k)^{\mathrm{T}} A_1 (Q_1 Q_2 \cdots Q_k) = \widetilde{Q}_k^{\mathrm{T}} A_1 \widetilde{Q}_k$。

(3) A^k 的分解式为 $A^k = \widetilde{Q}_k \widetilde{R}_k$。

定理 2.15(QR 方法的收敛性)　设 $A = (a_{ij}) \in R^{n \times n}$,如果 A 的特征值满足:A_k 有标

准型,$A=XDX^{-1}$,其中,$D=\mathrm{diag}(\lambda_1,\lambda_2,\Lambda,\lambda_n)$,且设 $X-1$ 有三角分解 $X-1=LU$(L 为单位下三角阵,U 为上三角阵),则由 QR 算法产生的 $\{A_k\}$ 本质上收敛于上三角矩阵,即

$$A_k \xrightarrow{\text{本质上}} R = \begin{pmatrix} \lambda_1 & * & \cdots & * \\ & \lambda_2 & \cdots & * \\ & & \ddots & \vdots \\ & & & \lambda_n \end{pmatrix} \quad (\text{当 } k \to \infty \text{ 时})$$

若记 $A_K=((a_{ij})_k)$,则:

(1) $\lim\limits_{k\to\infty}a_{ii}^{(k)}=\lambda_i$。　　　　　　　　　　　　　　　　　　(2-52)

(2) 当 $i>j$ 时,$\lim\limits_{k\to\infty}a_{ij}^{(k)}=0$。　　　　　　　　　　　　　(2-53)

定理 2.16　如果对称矩阵 A 满足定理 2.14 的条件,则由 QR 算法产生的 $\{A_K\}$ 收敛于对角阵 $D=\mathrm{diag}(\lambda_1,\lambda_2,\Lambda,\lambda_n)$。

证明:由定理 2.14 即知关于 QR 算法收敛性的进一步结果:设 $A\in R^{n\times n}$,且 A 有完备的特征向量集合,如果 A 的等模特征值中只有实重特征值或多重共轭复特征值,则由 QR 算法产生的 $\{A_K\}$ 本质收敛于分块上三角矩阵(对角块为一阶和二阶子块),且对角块中每一个 2×2 子块给出 A 的一对共轭复特征值,每一个一阶对角子块给出 A 的实特征值,即

$$A_k \to \begin{pmatrix} \lambda_1 & \cdots & * & * & \cdots & * \\ & \ddots & \vdots & \vdots & & \vdots \\ & & \lambda_m & * & \cdots & * \\ & & & B_1 & \cdots & * \\ & & & & \ddots & \vdots \\ & & & & & B_l \end{pmatrix}. \qquad (2-54)$$

其中,$m+2l=n$,B_i 为 2×2 子块,它给出 A 一对共轭复特征值。

2.2.4　Hessenberg 矩阵分解

在求矩阵的特征值问题时,一个简单的处理是用初等反射矩阵做正交相似变换约化一般实矩阵 A 为上 Hessenberg 矩阵,这样就把求原矩阵特征值问题转化为求上

Hessenberg 矩阵问题。

设 $A \in R^{n \times n}$，下面来说明，可选择初等反射矩阵 U_1、U_2、Λ、U_{n-2}，使 A 经正交相似变换约化为一个上 Hessenberg 矩阵。

（1）设

$$A = \begin{bmatrix} a_{11} & a_{12} & \cdots & a_{1n} \\ a_{21} & a_{22} & \cdots & a_{2n} \\ \vdots & \vdots & \ddots & \vdots \\ a_{n1} & a_{n2} & \cdots & a_{nn} \end{bmatrix} = \begin{bmatrix} a_{11} & \boldsymbol{A}_{12}^{(1)} \\ c_1 & \boldsymbol{A}_{22}^{(1)} \end{bmatrix}.$$

其中，$c_1 = (a_{21}, \Lambda, a_{n1})^{\mathrm{T}} \in R^{n-1}$，不妨设 $c_1 \neq 0$，否则这一步不需要约化。于是，可选择初等反射阵 $\boldsymbol{R}_1 = \boldsymbol{I} - \beta_1^{-1} \boldsymbol{u}_1 \boldsymbol{u}_1^{\mathrm{T}}$，使 $\boldsymbol{R}_1 c_1 = -\sigma_1 e_1$，其中

$$\begin{cases} \sigma_1 = \mathrm{sgn}\,(a_{21}) \left(\sum_{i=2}^{n} a_{i1}^2 \right)^{1/2} \\ u_1 = c_1 + \sigma_1 e_1 \\ \beta_1 = \sigma_1 (\sigma_1 + a_{21}) \end{cases} \tag{2-55}$$

令

$$\boldsymbol{U}_1 = \begin{bmatrix} 1 & \\ & \boldsymbol{R}_1 \end{bmatrix}$$

则

$$\boldsymbol{A}_2 = \boldsymbol{U}_1 \boldsymbol{A}_1 \boldsymbol{U}_1 = \begin{bmatrix} a_{11} & \boldsymbol{A}_{12}^{(1)} \boldsymbol{R}_1 \\ \boldsymbol{R}_1 c_1 & \boldsymbol{R}_1 \boldsymbol{A}_{22}^{(1)} \boldsymbol{R}_1 \end{bmatrix}$$

$$= \begin{bmatrix} a_{11} & a_{12}^{(2)} & a_{13}^{(2)} & \cdots & a_{1n}^{(2)} \\ -\sigma_1 & a_{22}^{(2)} & a_{23}^{(2)} & \cdots & a_{2n}^{(2)} \\ 0 & a_{32}^{(2)} & a_{33}^{(2)} & \cdots & a_{3n}^{(2)} \\ \vdots & \vdots & \vdots & \ddots & \vdots \\ 0 & a_{n2}^{(2)} & a_{n3}^{(2)} & \cdots & a_{nn}^{(2)} \end{bmatrix} = \begin{bmatrix} \boldsymbol{A}_{11}^{(2)} & \boldsymbol{A}_{12}^{(2)} \\ 0\,c_1 & \boldsymbol{A}_{22}^{(2)} \end{bmatrix}$$

其中，$c_1 = (a_{32}^{(2)}, \cdots, a_{n2}^{(2)})^{\mathrm{T}} \in R^{n-2}$，$A_{22}^{(2)} \in R^{(n-2) \times (n-2)}$。

（2）第 k 步约化：重复上述过程，设对 A 已完成第 1 步、Λ、第 $K-1$ 步正交相似变换，即有 $A_k = U_{k-1}A_{k-1}U_{k-1}$，

或

$$A_k = U_{k-1}\cdots U_1 A_1 U_1 \cdots U_{k-1}$$

且

$$A_k = \begin{bmatrix} a_{11}^{(1)} & a_{12}^{(2)} & \cdots & a_{1,k-1}^{(k-1)} & a_{1k}^{(k)} & a_{1,k+1}^{(k)} & \cdots & a_{1n}^{(k)} \\ -\sigma_1 & a_{22}^{(2)} & \cdots & a_{2,k-1}^{(k-1)} & a_{2k}^{(k)} & a_{2,k+1}^{(k)} & \cdots & a_{2n}^{(k)} \\ & \ddots & \vdots & \vdots & \vdots & & & \vdots \\ & & -\sigma_{k-1} & a_{kk}^{(k)} & a_{k,k+1}^{(k)} & \cdots & a_{kn}^{(k)} \\ & & & a_{k+1,k}^{(k)} & a_{k+1,k+1}^{(k)} & \cdots & a_{k+1,n}^{(k)} \\ & & & \vdots & \vdots & & \vdots \\ & & & a_{nk}^{(k)} & a_{n,k+1}^{(k)} & \cdots & a_{nn}^{(k)} \end{bmatrix}$$

$$= \begin{bmatrix} A_{11}^{(k)} & A_{12}^{(k)} \\ 0\,c_k & A_{22}^{(k)} \end{bmatrix}$$

其中，$c_k = (a_{k+1,k}^{(k)}, \cdots, a_{nk}^{(k)})^{\mathrm{T}} \in \mathbf{R}^{n-k}$；$A_{11}^{(k)}$ 为 k 阶上 Hessenberg 矩阵；$A_{22}^{(k)} \in R^{(n-k)\times(n-k)}$。

设 $c_k \neq 0$，于是可选择初等反射阵 $c_k \neq 0$ 使 $R_k c_k = -\sigma_k e_1$，其中，$c_k \neq 0$ 计算公式为

$$\begin{cases} \sigma_k = \mathrm{sgn}(a_{k+1,k}^{(k)}) \Big(\sum_{i=k+1}^{n} (a_{ik}^{(k)})^2 \Big)^{1/2} \\ u_k = c_k + \sigma_k e_1 \\ \beta_k = \sigma_k (\sigma_k + a_{k+1,k}^{(k)}) \\ R_k = I - \beta_k^{-1} u_k u_k^{\mathrm{T}} \end{cases} \quad (2\text{-}56)$$

令 $U_k = \begin{bmatrix} I & \\ & R_k \end{bmatrix}$，

则

$$A_{k+1} = U_k A_k U_k = \begin{bmatrix} A_{11}^{(k+1)} & A_{12}^{(k)} R_k \\ 0\,R_k c_k & R_k A_{22}^{(k)} R_k \end{bmatrix} = \begin{bmatrix} A_{11}^{(k+1)} & A_{12}^{(k+1)} \\ 0\,c_{k+1} & A_{22}^{(k+1)} \end{bmatrix} \quad (2\text{-}57)$$

其中,$A_{11}^{(k+1)}$ 为 $K+1$ 阶上 Hessenberg 矩阵,第 K 步约化只需计算 $A_{12}^{(k)} R_k$ 及 $R_k A_{22}^{(k)} R_k$(当 A 为对称矩时,只需要计算 $R_k A_{22}^{(k)} R_k$)。

(3)重复上述过程,则有

$$
U_{n-2} \cdots U_2 U_1 A U_1 U_2 \cdots U_{n-2} =
\begin{bmatrix}
a_{11} & * & * & \cdots & * & * \\
-\sigma_1 & a_{22}^{(2)} & * & \cdots & * & * \\
 & -\sigma_2 & a_{33}^{(3)} & \cdots & * & * \\
 & & \ddots & \ddots & \vdots & \vdots \\
 & & & -\sigma_{n-2} & a_{n-1,n-1}^{(n-1)} & * \\
 & & & & -\sigma_{n-1} & a_{nn}^{(n)}
\end{bmatrix}
= A_{n-1}
$$

总结上述结论,有定理 2.17。

定理 2.17(Householder 约化矩阵为上 Hessenberg 矩阵) 设 $A \in R^{n \times n}$,则存在初等反射矩阵 U_1、U_2、Λ、U_{n-2} 使

$$
U_{n-2} \cdots U_2 U_1 A U_1 U_2 \cdots U_{n-2} = U_0^{\mathrm{T}} A U_0 = H \tag{2-58}
$$

为上 Hessenberg 矩阵。

2.3 本 章 小 结

本章主要讨论数字水印常用的数学基础,分析了常用的图像变换,然后介绍常用的矩阵分解,这些图像变换的结果、矩阵分解的原理、技巧及其分解后所得矩阵的系数特点将应用在后续章节数字水印算法的研究中,本章的很多数学定理将会贯穿到整本书的应用。

第3章 彩色图像

本章主要介绍彩色图像的一些术语、彩色空间及一些基本的图像知识,为后续彩色图像数字水印算法的学习奠定基础。彩色图像处理是对图像进行分析、加工和处理,使其满足视觉、心理以及其他要求的技术。以前的彩色图像处理基本局限于卫星影像,但近年来它在新的应用中得到了重视。原因之一是彩色图像包含比灰度图像更高的信息层次,使得彩色图像处理在传统灰度图像处理占主导地位的领域获得了成功。

3.1 引　　言

在人们的日常生活中,人们的视觉和行动受到很多几何和彩色信息的影响。当穿过马路时,人们可以根据交通灯的形状来辨认它。但接下来只有通过对颜色的分析才能决定是继续穿行(如果是绿灯)还是停止(如果是红灯)。同样地借助摄像机的驾驶信息系统需要能评价类似的信息并将信息传输给车辆的驾驶员或直接干预车辆的行动。后一种情况在诸如导引公共道路上行驶的自主车辆时是很重要的。类似的事也发生在交通标志上,它们根据颜色和几何形状的不同可分为禁令标志、限制标志或指示标志。

信息的判断在人们对景物的辨识中也起着重要的作用。去和朋友或同学见面时,从远处认出来他们,一般不是认出来他们的样子,一般是先看见他们衣服的颜色然后在断定是不是自己的朋友或同学。同样在停车场寻找汽车时也采用类似的方法。一般情况下,人们不会去找 Y 公司的 x 型汽车,而是找一辆例如红色的汽车。只有当发现了一辆红色的汽车,才会根据它的形状来判断这是否是我们要寻找的汽车。搜索策略是由分层结合彩色和形状来导引的,这种分层策略在自动目标识别系统中也得到了应用[94]。

3.2　图像的基本类型

　　计算机图像一般采用两种方式存储静态图像：一种是位映射，即位图存储模式；另一种是矢量处理，也称为矢量存储模式。位图是以点阵形式描述图形图像，矢量图是以数学方法描述的一种由几何元素组成的图形图像。位图文件在有足够的文件量的前提下，能真实细腻地反映图像的层次、色彩，缺点是文件体积较大，该方式适合描述照片。矢量类图像文件的特点是文件量小，并且能任意缩放而不会改变图像质量，该方式适合描述图形。

　　位图的映射存储模式是将图像的每一个像素点转换为一个数据，并存放在以字节为单位的一维、二维矩阵中。例如，当图像是单色时，一个字节可存放 8 个像素点的图像数据；16 色图像每两个像素点用一个字节存储；256 色图像每一个像素点用一个字节存储。以此类推，位图就能够精准地描述各种不同颜色模式的图像画面。所以位图文件较适合于内容复杂的图像和真实的照片（位图正符合作为信息隐藏载体的最基本要求）。但位图也有缺点：随着分辨率和颜色数的提高，位图图像所占用的磁盘空间会急剧增大，同时在放大图像的过程中，图像也会变得模糊而失真。矢量图的存储模式只是存储图像的轮廓部分，而不是图像像素的每一点。例如，对于一个圆形图案，只要存储圆心的坐标位置和半径长度，以及圆形边线和内部的颜色即可。该存储方式的缺点是经常耗费大量的时间做一些复杂的分析演算工作，但图像的缩放不会影响显示精度，即图像不会失真，而且图像的存储空间较位图文件要少得多。所以，矢量处理比较适合存储各种图表和工程设计图[95]。

　　我们本章研究的主要是针对位图的。上文提到，位图可以将一个像素点转换成一个数据存放在一个二维数据矩阵，根据其图像调色板的存在方式及矩阵数值与像素颜色之间的对应关系，我们定义了 3 种基本的图像类型：二值图像、灰度图像、彩色图像。下面一一介绍其性质。

3.2.1　二值图像

　　二值图像又称为黑白图像或单色图像，一般用 1 或 0 表示黑色或白色的像素点，也称为二进制图。每一个像素值将取两个离散值(0 或 1)中的一个,一个表示黑,另一个表示白。二值图像能够使用无符号 8 位整型(uint8)或双精度类型的数组来存储。

uint8 类型的数组通常比双精度类型的数组性能更好,因为 uint8 数组使用的内存要小得多。在 MATLAB 图像处理工具箱中,任何返回一幅二值图像的函数都使用 uint8 逻辑数组存储该图像。图 3.1 给出了 Lena 的二值图像。

图 3.1 Lena 的二值图像

3.2.2 灰度图像

灰度图像是包含灰度级(亮度)的图像。灰度就是通常说的亮度。与二值图像不同,灰度图像虽然在感观上给人感觉仍然是"黑白"的,但实际上它的像素并不是纯黑(0)和纯白(1)那么简单,所以相应的其一个像素也绝不是 1 位就可以表征的。

在 MATLAB 中,灰度图像由一个 uint8、uint16 或双精度类型的数组来描述。灰度图像实际上是一个数据矩阵 I,该矩阵的每一个元素对应于图像的一个像素点,元素的数值代表一定范围内的灰度级,通常 0 代表黑色,1、255 或 65 535(不同存储类型)代表白色。

数据矩阵 I 可以是双精度、uint8 或 uint16 类型。灰度图像存储时不使用调色板,因而 MATLAB 将使用一个默认的系统调色板来显示图像。灰度图像与黑白图像不同,在计算机图像领域中黑白图像只有黑色与白色两种颜色;灰度图像在黑色与白色之间还有许多级的颜色深度。但是,在数字图像领域之外,"黑白图像"也表示"灰度图像",因此二值图像可以看成是灰度图像的一个特例。联系到后面我们将阐述的 YC_bC_r 彩色空间,我们可以发现所谓灰度图像的像素值就是 YC_bC_r 中每个像素的亮度分量值。两者与 RGB 像素有同样的转换关系。图 3.2 是一幅 Lena 的灰度图像。

图 3.2 Lena 的灰度图像

3.2.3　彩色图像

彩色图像直观地说是人们对周围彩色环境的感知(即对应人的视觉器官的感知),这类图像不使用单独的调色板,每一个像素的颜色由存储在相应位置的红、绿、蓝颜色分量共同决定。通常无彩色指白色、黑色和各种不同程度的灰,无彩色图像也称灰度图像,使用[0,255]的值来表示其灰度值,0 表示黑色,255 表示白色,其间是各种深浅不同的灰色,整张图像的像素用一维数组表示即可。而彩色是指除去上述黑白灰以外的各种颜色,而RGB 模型只是彩色模型的其中一种。从计算的角度,一幅彩色图像可以被看作是一个矢量函数(一般具有三个分量)。图像函数的范围是一个具有范数的矢量空间,也称为彩色空间。对一幅(三通道的)彩色数字图像,赋给一个像素(x,y)三个矢量分量 u_1、u_2、u_3:

$$C(x,y) = [u_1(x,y), u_2(x,y), u_3(x,y)]^{\mathrm{T}} = [u_1, u_2, u_3]^{\mathrm{T}} \tag{3-1}$$

用矢量分量 u_1、u_2、u_3 的具体数值组合来表达的彩色只有相对意义。具有整数分量 $0 \leqslant u_1, u_2, u_3 \leqslant G_{\max}$ 的每个矢量$[u_1, u_2, u_3]^{\mathrm{T}}$ 刻画了基本彩色空间中的一种彩色。典型的彩色空间包括用于在显示器(彩色加性混合)上表示彩色图像的 RGB 彩色空间和用于打印机(彩色减性混合)打印彩色图像的 CMYK 彩色空间。

以 RGB 图像为例来增强一下对彩色图像的理解。RGB 图像是 24 位图像,红、绿、蓝分量分别占用 8 位,理论上可以包含 16M 种不同颜色,这种颜色精度能够再现图像的真实色彩。

在 MATLAB 中,一幅 RGB 图像由一个 uint8、uint16 或双精度类型的 $m \times n \times 3$ 数组(通常称为 RGB 数组)来描述,其中,m 和 n 分别表示图像的宽度和高度。

在一个双精度类型的 RGB 数组中,每一个颜色分量都是一个[0,1]范围内的数值,颜色分量为(0,0,0)的像素将显示为黑色,颜色分量为(1,1,1)的像素将显示为白色。每一个像素三个颜色分量都存储在数据数组的第三维中。例如,像素(10,5)的红、绿、蓝色分量都存储在 RGB(10,5,1)、RGB(10,5,2)、RGB(10,5,3)中。

3.3　彩色图像的基本术语

目前,对用于灰度图像处理的术语已有共识[96]。还没有定义什么是彩色边缘,什么是彩色图像中的差分,或什么是彩色图像的反差。有很多专门术语用得不尽相同,有时这些术语也不精确。在后面几节中,将给出用于彩色图像处理的常用基本术语。

3.3.1 彩色边缘

在灰度图像中,边缘指的是灰度的不连续性,但对彩色图像,彩色边缘却没有明确的定义。现有几种不同的彩色边缘的定义。

一个非常老的定义指出,彩色图像中的边缘即是其亮度图的边缘[97]。该定义忽略了色调或饱和度的不连续性。例如,两个亮度相同但颜色不同的目标并排放在一起,那么两个目标间的几何边界不能用这种方法确定。因为彩色图像比灰度图像包含更多的信息,从彩色边缘检测中人们希望获得更多的彩色信息。然而,这种定义并不能提供相对于灰度边缘检测更多的新信息。

第二个对彩色边缘的定义指出,如果至少有一个彩色分量存在边缘,那么彩色图像就存在边缘。在这个基于单色的定义中,并不需要新的边缘检测方法。这个定义会导致在单个彩色通道确定边缘带来的准确性问题。如果在彩色通道中检测出的边缘移动了一个像素,那么将三个通道结合起来就有可能产生很宽的边缘。在这种情况下,很难确定哪个边缘位置是准确的。

第三个基于单色的彩色边缘定义借助对三个彩色分量的梯度绝对值的和来计算[98]。如果梯度绝对值的和大于某个阈值,就判断存在彩色边缘。基于上两种定义得到的彩色边缘检测结果非常依赖于所用的基本彩色空间。在一个彩色空间中确定为边缘点的像素并不保证能在另一个彩色空间中也确定为边缘点(反过来也如此)。

前面给出的所有定义都忽略了矢量分量间的联系。因为一幅彩色图像表示了一个矢量值的函数,彩色信息的不连续性可以用矢量值的方法来定义。据此可以得到第四个彩色边缘的定义,对一个彩色像素或彩色矢量 $C(x, y) = [u_1, u_2, \cdots, u_n]^T$,利用(三通道)彩色图像的微分,图像函数在位置 (x, y) 的变化用等式 $\Delta C(x, y) = J\Delta(x, y)$ 描述。彩色图像函数中具有最大变化或不连续性的方向用对应本征值的本征矢量 $J^T J$ 来表示。如果变化超过一定的值,这就表明存在彩色边缘像素。

彩色边缘像素也可借助矢量排序统计或矢量值概率分布函数来定义。

3.3.2　彩色图像的导数

对一个彩色分量或灰度图像 $E(x, y)$，其梯度或梯度矢量可写为

$$\text{grad}(E) = \left[\frac{\partial E}{\partial x}, \frac{\partial E}{\partial y}\right]^{\text{T}} = (E_x, E_y)^{\text{T}} \tag{3-2}$$

这里引入下标 x 和 y 以作为表示对应函数的偏微分的缩写，即

$$E_x = \frac{\partial E}{\partial x} \quad 和 \quad E_y = \frac{\partial E}{\partial y}$$

梯度的绝对值

$$\left\| \text{grad}(E) = \sqrt{\left(\frac{\partial E}{\partial x}\right)^2 + \left(\frac{\partial E}{\partial y}\right)^2} \right\| \tag{3-3}$$

是对灰度图像"高度改变"的一个测度。对常数灰度平面（理想情况 $E(x, y)$ 为常数）它取极限值 0。

可以用函数 $C: Z^2 \rightarrow Z^3$ 来描述三通道的彩色图像。这个定义也很容易推广到 n 通道的彩色图像。函数 C 的微分是由泛函矩阵或雅可比矩阵 $\boldsymbol{J}$ 给出的，$\boldsymbol{J}$ 包括对各个矢量分量的一阶偏微分。对一个彩色空间中的彩色矢量 $C(x, y) = [u_1, u_2, u_3]$，其在位置 (x, y) 的导数由等式 $\Delta C(x, y) = \boldsymbol{J}\Delta(x, y)$ 给出。有

$$\boldsymbol{J} = \begin{bmatrix} \dfrac{\partial u_1}{\partial x} & \dfrac{\partial u_1}{\partial y} \\[2mm] \dfrac{\partial u_2}{\partial x} & \dfrac{\partial u_2}{\partial y} \\[2mm] \dfrac{\partial u_3}{\partial x} & \dfrac{\partial u_3}{\partial y} \end{bmatrix} = \begin{bmatrix} \text{grad}(u_1) \\ \text{grad}(u_2) \\ \text{grad}(u_3) \end{bmatrix} = \begin{bmatrix} u_{1x} & u_{1y} \\ u_{2x} & u_{2y} \\ u_{3x} & u_{3y} \end{bmatrix} = (\boldsymbol{C}_x, \boldsymbol{C}_y) \tag{3-4}$$

其中

$$\boldsymbol{C}_x = [u_{1x}, u_{2x}, u_{3x}]^{\text{T}} \quad 和 \quad \boldsymbol{C}_y = [u_{1y}, u_{2y}, u_{3y}]^{\text{T}}$$

3.3.3　彩色图像的对比度

对比度这个词在文献中使用得有些歧义。下面有几个关于对比度的普遍定义（并不保证全面）。

1. 相对亮度对比度

相对亮度对比度描述了图像或图像中区域的亮度值之间的联系。为了测量对比度的大小，可以使用 Michelson 对比度$[(I_{max}-I_{min})/(I_{max}+I_{min})]$[99]，其中 I_{max} 代表最大的亮度值，而 I_{min} 代表最小的亮度值。

2. 同时(亮度)对比度

同时(亮度)对比度指的是对表面亮度的感知依赖于对背景亮度的感知的现象。为介绍这个现象，可考虑被白色表面所包围的一个灰色表面和被黑色表面所包围的这个灰色表面。放在白色表面中的灰色表面看起来比放在黑色表面中的灰色表面要暗一些[99]。图 3.3 给出一个示例。

(a) 放在黑色表面中的灰色   (b) 放在白色表面中的灰色

图 3.3   同时(亮度)对比度

3. 相对饱和度对比度

相对饱和度对比度体现了彩色图像中饱和度值间的联系，同时在具有低亮度反差的彩色图像中，基于对彩色饱和度的区别可以从背景中辨别出细节来。

4. 同时彩色对比度

同时彩色对比度彩色表面的检测依赖于围绕它的表面的彩色。例如，由红色区域环绕的灰色表面看起来是带蓝色的绿色[100]。为描述诱导色受所环绕彩色的影响常使用对立色模型[101]。Davidoff 认为这种彩色对比度的效果是以一种系统的方式改变了彩色恒常性[102]。

5. 连续(彩色)对比度

连续(彩色)对比度当长时间观察一个彩色区域然后转到一个黑白域时就会发生。先前观察区域的残留影像或者显示为对立色(负的残留影像)或接近原来的彩色(正的残留影像)。残留影像在闭眼的情况下也会出现。

除去上面给出的对比度定义外,还有一个彩色图像处理中关于对比度的问题是计算机改变一幅彩色图像的对比度会产生什么影响。增强图像中的对比度的目的一般是为了提高对图像细节的可见性。只有在很少的情况下是为了系统地影响彩色恒常性。

在许多技术书籍中,彩色图像的对比度仅仅被考虑为如上文所描述的亮度对比度[103]。大多数显示装置根据这种定义来控制对比度。在一个彩色显示器(或电视)上,从最暗到最亮的像素间的(非线性)范围是用"对比度控制"来调整的。而"亮度控制",调整的结果是正的或负的亮度偏移量。在图像编辑软件 Adobe Photoshop 中,对比度变化的函数对应图像亮度值。

彩色图像处理提供了改变相对亮度对比度的机会和在需要时结合基于感知的观察的可能性。进一步,在矢量值彩色信号中彩色属性如饱和度和亮度也可建立相互联系。需要记住一个事实,一幅彩色图像的对比度这个词在使用时需要和一个形容词(如相对的或同时的)连用,或需要合适地进行定义。

3.3.4　彩色恒常性

一个目标表面的彩色代表了可用来辨识目标的重要特征。但是,照明特点的变化也能改变从目标表面反射到传感器的光线。彩色恒常性是当照明变化时对彩色图像中目标表面彩色的分类不改变的能力。

人类视觉系统对大范围的表面和照明条件均保持彩色恒常。例如,清晨、正午和黄昏时红色的西红柿看起来都是红色的。感受到的彩色并不是所接收光谱分布的直接结果,尽管很多年一直是这么假设的。

当一个基于摄像机的视觉系统用在不受控的光照条件下时,彩色恒常性是一个期望的性质。但是,要在彩色图像处理中获得彩色恒常性是一个很难解决的问题,这是因为用摄像机测量的彩色信号不仅依赖于照明的频谱分布和表面的光反射,还依赖于目标几何。场景中的这些特性原则上都是未知的。在图像处理中,已有一些实现彩色恒常性的数字化技术(彩色图像处理中的)。彩色恒常性技术根据它们的期望目标可分为三组。

(1) 对场景中各个可见表面均估计反射光谱分布。

(2) 对已获得的场景以在可知光照条件下生成彩色图像。

(3) 对与光照条件无关(不随光照变化)的图像中的彩色目标表面进行特征检测。

3.3.5　彩色图像的噪声

图像在形成、采集和传输的过程中,由于各种干扰因素的存在会受一定程度噪声的干扰。这些干扰恶化了图像的质量,而且会影响图像处理的各个环节及输出结果。因此,我们要研究彩色图像的噪声。

一般认为矢量值的彩色信号中的各个分量是分别由于噪声而退化的,且不同分量所受到的影响是不同的。例如,这可以在单个彩色分量中用信号加性重叠不同的失误或高斯噪声来描述基本模型:

$$y = x + n \tag{3-5}$$

其中,x 是彩色图像中在位置 (i,j) 处的原始的图像矢量。对应的加上噪声的矢量用 y 表示,n 代表加在图像中位置 (i,j) 处的加性噪声矢量。

根据在单个彩色分量上存在不同重叠的假定,并不能得出结论说基于单色的技术通过分别在各个彩色分量上消除噪声可以提供最好的结果。矢量值技术一般允许更好地处理彩色图像中的噪声[104-106]。

3.3.6　彩色图像的亮度、照度和明度

亮度、照度和明度这几个词常在彩色图像处理中混用。为分清这些术语,可以借用 Adelson 的三个定义[107]。

亮度是从一个物体表面进入人眼的可见光的数量。换句话说,它是由于反射、透射和(或)发射而沿给定方向离开物体表面上一点的可见光的数量。光度学中明度是亮度的一个原始的、不再使用的名称。亮度的标准单位是每平方米烛光(cd/m^2),在美国也称 nit,它来源于拉丁语 nitere,意思是"发光"($1nit = 1cd/m^2$)。

照度是照射到一个表面上的光的数量。它是从所有方向照到(射到)表面上一点的光

的总量。所以,照度与用人眼响应曲线加权的辐照度相等。照度的标准单位是 lux(lx),
即每平方米流明(lm/m²)。

　　明度是从图像本身感受到的光强度,而不是所描绘场景的特性。有时将明度定义为
感受到的亮度。

3.4　常用的彩色图像表示空间

　　彩色是人们通过视觉感受到的现象,而不是像长度和距离似的是一种物理维数,尽管可
见光谱可以通过电磁辐射来按物理量来测量,但观察者仍能从两个图像中感受到相同或可
测的不同的彩色感觉。从光谱得到的彩色的数据对标识彩色不太有用。现在数字图像处理
中,人们需要一种有效的、合适的表示形式来存储、显示和处理彩色图像。这些表达式必须
要适合彩色图像处理算法的要求,还要适合人类的彩色感知等各种条件,但一个表达式不可
能同时满足这些要求,所以在彩色图像处理过程中会根据处理的目的使用不同的表达式。

3.4.1　RGB 彩色空间

　　在计算机技术中使用最广泛的彩色空间是 RGB 彩色空间。根据色度学原理,自然界
的各种颜色光都可由红、绿、蓝三种颜色的光按不同比例混合而成,同样,自然界的各种颜
色光都可分解成红、绿、蓝三种颜色光,所以将红、绿、蓝三种颜色称为三基色。所以 RGB
彩色空间是建立在加性混合三种基色 R、G、B 的基础上。国际标准化的三基色 R、G、B 的
波长已给在表 3.1 中。需要注意,用术语红色、绿色、蓝色只是为了对基色的描述提供标
准。可见彩色和波长并不等价。为避免可能的混淆,也可用记号 L、M、S,而不用 R、G、B
来代表具有长、中等和短波长的光。不过常用的记号还是 R、G、B,在下面也用它们。

表 3.1　1931 年的 CIE 基色的波长和对应的相对谱功率 s

基色	$\lambda(nm)$	s	基色	$\lambda(nm)$	s
R	700.0	72.09	B	435.8	1.000
G	546.1	1.379			

　　基色在绝大多数情况下是图像传感器的"参考色"。它们构成三维正交(彩色)矢量空间的基矢量,其中零矢量代表黑色(见图 3.4)。原点也记成黑点。在 RGB 空间,任何彩色都可以看作基矢量的线性组合。在一个这样的 RGB 彩色空间中,一幅彩色图像在数学上看作一个具有三个分量的矢量函数。三个矢量分量由对长波、中波和短波范围的可见光的亮度测量而确定。对一幅(三通道)彩色数字图像 C,对每个图像像素(x,y),需要指出三个矢量分量 R、G、B:

$$C(x,y) = [R(x,y),G(x,y),B(x,y)]^{\mathrm{T}} = (R,G,B)^{\mathrm{T}} \tag{3-6}$$

　　在 RGB 彩色空间,彩色立方体中的每个矢量准确代表一种彩色,其中 $0 \leqslant R,G,B \leqslant G_{\max}$,R、G、B 是整数,这些值称为三刺激值。由矢量分量 R、G、B 的组合值表示的彩色是相对的、与设备无关的实体。所有具有整数分量 $0 \leqslant R,G,B \leqslant G_{\max}$ 的矢量刻画 RGB 彩色空间中间的一种彩色。$G_{\max}+1$ 指示在每个矢量分量中的最大允许值。在生成 RGB 彩色空间中的彩色图像时使用可穿透的滤光器,红色、绿色、蓝色将从可见光的长波、中波和短波范围提取出来。如果要避免使用滤光器,可以使用与数字化灰度图像同样的扫描仪。有理数

$$r = \frac{R}{R+G+B}, \quad g = \frac{G}{R+G+B} \quad \text{和} \quad b = \frac{B}{R+G+B} \tag{3-7}$$

式(3-7)中的有理数 r、g、b 是相对于亮度进行归一化后的彩色值的分量。

　　基色红色$(G_{\max},0,0)^{\mathrm{T}}$,绿色$(0,G_{\max},0)^{\mathrm{T}}$,蓝色$(0,0,G_{\max})^{\mathrm{T}}$ 和补色黄色$(G_{\max},G_{\max},0)^{\mathrm{T}}$、品红色$(G_{\max},0,G_{\max})^{\mathrm{T}}$、蓝绿色$(0,G_{\max},G_{\max})^{\mathrm{T}}$ 以及非彩色白色$(0,0,0)^{\mathrm{T}}$ 和黑色$(G_{\max},G_{\max},G_{\max})^{\mathrm{T}}$ 表示了彩色立方体的边界,立方体由各种可能的 R、G、B 组合构成。对所有 $0 \leqslant R,G,B \leqslant G_{\max}$ 的彩色矢量$(R,G,B)^{\mathrm{T}}$,每一个都刻画 RGB 彩色空间中的一种彩色。图 3.4 给出彩色立方体。所有非彩色(灰度色调)处在主对角线上$(u,u,u)^{\mathrm{T}}$,其中 $0 \leqslant u \leqslant G_{\max}$。

　　RGB 彩色空间在彩色图像的计算机内部表达中使用得最多。它得到广泛使用的原因之一就是三基色的标准化。几乎所有可见的彩色都可用三个矢量的线性组合来表示。对相同的目标,使用不同的摄像机和扫描仪会产生不同的彩色值,这是因为它们的基色并不匹配。在不同的设备之间(如摄像机 RGB、显示器 RGB 和打印机 RGB)调节彩色值的

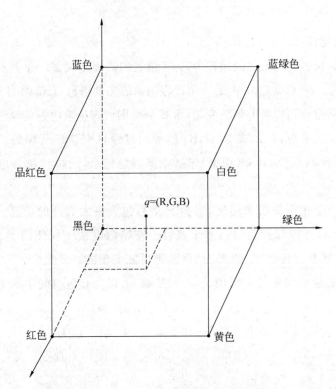

图 3.4　彩色立方体

过程称为彩色管理[108,109]。

　　RGB 彩色空间的一个特例是用于电视接收机的基色系统 $R_N G_N B_N$(接收机基色系统),它涉及美国标准 NTSC(国家电视系统委员会)已确认的荧光体。对电视标准 PAL(相位交变行)和 SECAM(顺序彩色存储)的值有所不同。由 CIE 定义的 RGB 彩色空间可通过下式转换到 NTSC 的基色系统 $R_N G_N B_N$ 中[98]:

$$\begin{bmatrix} R_N \\ G_N \\ B_N \end{bmatrix} = \begin{bmatrix} 0.842 & 0.156 & 0.091 \\ -0.129 & 1.320 & -0.203 \\ 0.008 & -0.069 & 0.897 \end{bmatrix} \cdot \begin{bmatrix} R \\ G \\ B \end{bmatrix} \qquad (3\text{-}8)$$

3.4.2　YIQ 彩色空间

在发展美国 NTSC 电视系统的过程中,为了播送的需要定义了一个具有坐标为 Y、I 和 Q 的彩色坐标系。在 YIQ 系统中,Y 分量代表图像的亮度信息,I、Q 两个分量则携带颜色信息,I 分量代表从橙色到青色的颜色变化,而 Q 分量则代表从紫色到黄绿色的颜色变化。

为了有效地传送彩色信号,将 $R_NG_NB_N$ 信号通过线性变换进行编码。亮度信号编为 Y 分量,附加的部分 I(相位)和 Q(正交)包括全部彩色信息,所以也称为电视技术中的色差信号。

I 和 Q 被用一个很窄的带来传送,因为 Y 信号包含最大部分的信息。Y 信号不包含彩色信息,所以 YIQ 系统保持与黑白系统兼容。在黑白电视中仅使用 Y 信号,可以显示灰度图像,这如果靠直接传送 $R_NG_NB_N$ 信号是不可能实现的。

在 $R_NG_NB_N$ 彩色空间中的值可用式(3-9)变换到 YIQ 彩色空间中的值:

$$\begin{bmatrix} Y \\ I \\ Q \end{bmatrix} = \begin{bmatrix} 0.299 & 0.587 & 0.144 \\ 0.596 & -0.274 & -0.322 \\ 0.211 & -0.523 & 0.312 \end{bmatrix} \cdot \begin{bmatrix} R_N \\ G_N \\ B_N \end{bmatrix} \tag{3-9}$$

3.4.3　YUV 彩色空间

在德国和法国发展的彩色电视系统 PAL 和 SECAM 都使用 YUV 彩色空间来传送。它的 Y 分量与 YIQ 系统中的 Y 分量相同。在 $R_NG_NB_N$ 彩色空间中的值可用式(3-10)变换到 YUV 彩色空间中的值[98]:

$$\begin{bmatrix} Y \\ U \\ V \end{bmatrix} = \begin{bmatrix} 0.299 & 0.587 & 0.144 \\ 0.418 & -0.289 & 0.437 \\ 0.615 & -0.515 & -0.100 \end{bmatrix} \cdot \begin{bmatrix} R_N \\ G_N \\ B_N \end{bmatrix} \tag{3-10}$$

考虑 U 和 V 信号含较少的信息内容,而且常与 Y 信号相关联,所以 U 和 V 信号常被减半(两个接续的像素每个各有一个 Y 部分,但它们只有一个公共的彩色部分)或甚至在简单需要时减为 $1/4$。

YIQ 彩色空间中的 I 和 Q 信号可通过将彩色坐标系旋转一个角度从 YUV 彩色空

间中的 U 和 V 信号得到,即

$$I = -U\sin(33°) + V\cos(33°)$$

$$Q = U\cos(33°) + V\sin(33°)$$

YIQ 彩色空间和 YUV 彩色空间的表达非常适合图像压缩,因为亮度和色度可用不同数量的比特来编码,这在使用 RGB 值时是不可能的。

在文献中,YUV 也指一个 U 对应红——蓝彩色差,V 对应绿——品红彩色差的彩色空间。Y 对应等权的(算术)红色、绿色、蓝色的平均。这个彩色空间可用于彩色图像的高光分析。我们将记这个彩色空间为 $(YUV)'$,以更好地进行区分。$(YUV)'$ 彩色空间和 RGB 彩色空间之间具有线性相关性,这可以用下面的变换来表示:

$$(Y,U,V)' = (R,G,B)\begin{bmatrix} \dfrac{1}{3} & \dfrac{1}{2} & \dfrac{-1}{2\sqrt{3}} \\[2mm] \dfrac{1}{3} & 0 & \dfrac{1}{\sqrt{3}} \\[2mm] \dfrac{1}{3} & \dfrac{-1}{2} & \dfrac{-1}{2\sqrt{3}} \end{bmatrix} \tag{3-11}$$

亮度归一化定义如下:

$$u = \frac{U}{R+G+B} \quad \text{和} \quad v = \frac{V}{R+G+B} \tag{3-12}$$

如果 u 和 v 构成笛卡儿坐标系统的轴,那么红色、绿色、蓝色伸展成一个等边三角形,其中黑色处在原点(见图 3.5)。

3.4.4　YC_bC_r 彩色空间

在日益得到重视的数字视频领域,为表示彩色矢量使用国际标准化的 YC_bC_r 彩色空间。这个彩色空间与用在模拟视频记录中的彩色空间不同。在 $R_N G_N B_N$ 彩色空间中的值可用式(3-13)变换到 YC_bC_r 彩色空间中的值[103]:

$$\begin{bmatrix} Y \\ C_b \\ C_r \end{bmatrix} = \begin{bmatrix} 16 \\ 128 \\ 128 \end{bmatrix} + \frac{1}{256}\begin{bmatrix} 65.738 & 129.057 & 25.064 \\ -37.945 & -74.494 & 112.439 \\ 112.439 & -94.154 & -18.285 \end{bmatrix} \cdot \begin{bmatrix} R_N \\ G_N \\ B_N \end{bmatrix} \tag{3-13}$$

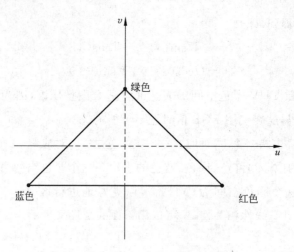

图 3.5 (YUV)′模型的 uv 平面

这个转换后,假设 RGB 数据已经过伽马校正。Y 分量的数值对应 NTSC 系统的参考 Rec. ITU-R BT. 601-4 里荧光粉的固定值。从 YC_bC_r 彩色空间到 $R_NG_NB_N$ 彩色空间的反变换(除去很小的取整误差)如下[103]:

$$\begin{bmatrix} R_N \\ G_N \\ B_N \end{bmatrix} = \frac{1}{256} \begin{bmatrix} 298.082 & 0.0 & 408.583 \\ 298.082 & -100.291 & -208.120 \\ 298.082 & 516.411 & 0.0 \end{bmatrix} \cdot \begin{bmatrix} Y-16 \\ C_b-128 \\ C_r-128 \end{bmatrix} \qquad (3\text{-}14)$$

YC_bC_r 彩色空间原是为普通电视而发展的,它没有用于 HDTV(高清电视)的格式。

3.5 基于感知的彩色空间

对计算机视觉和计算机图形学领域来说,直观地基于人类彩色感知的彩色空间有其重要性。在 HSI 和 HSV 彩色空间,首先考虑的是对用户友好的输入和对彩色值的描述。利用色调、彩色饱和度和亮度可以直观地描述一种彩色(首先对没有训练过的用户),比用 RGB 和 CMYK 彩色空间的矢量分量更简单。

3.5.1 HSI 彩色空间

在 HSI 彩色空间中,色调、饱和度和亮度被用作坐标轴。

色调表示颜色,颜色与彩色光的波长有关,将颜色按红、橙、黄、绿、青、蓝、紫顺序排列定义色调值,并且用角度值($0°\sim360°$)来表示。例如,红、黄、绿、青、蓝、洋红的角度值分别为 $0°$、$60°$、$120°$、$180°$、$240°$ 和 $300°$。

饱和度表示色的纯度,也就是彩色光中掺杂白光的程度。白光越多饱和度越低,白光越少饱和度越高且颜色越纯。饱和度的取值采用百分数($0\%\sim100\%$),0% 表示灰色光或白光,100% 表示纯色光。

强度表示人眼感受到彩色光的颜色的强弱程度,它与彩色光的能量大小(或彩色光的亮度)有关,因此有时也用亮度来表示。

通常把色调和饱和度统称为色度,用来表示颜色的类别与深浅程度。人类的视觉系统对亮度的敏感程度远强于对颜色浓淡的敏感程度,对比 RGB 彩色空间,人类的视觉系统的这种特性采用 HSI 彩色空间来解释更为适合。HSI 彩色描述对人来说是自然的、直观的,符合人的视觉特性,HSI 模型对于开发基于彩色描述的图像处理方法也是一个较为理想的工具。例如,在 HSI 彩色空间中,可以通过算法直接对色调、饱和度和亮度独立地进行操作。采用 HSI 彩色空间有时可以减少彩色图像处理的复杂性,提高处理的快速性,同时更接近人对彩色的认识和解释。

HSI 彩色空间是一个圆锥形空间模型,如图 3.6 所示,用这种描述 HSI 颜色空间的圆锥模型相当复杂,圆锥模型可以将色调、强度以及饱和度的关系变化清楚地表现出来。其中:

(1) 线条示意图:圆锥上亮度、色度和饱和度的关系。

(2) 纵轴表示亮度:亮度值是沿着圆锥的轴线度量的,沿着圆锥轴线上的点表示完全不饱和的颜色,按照不同的灰度等级,最亮点为纯白色,最暗点为纯黑色。

(3) 圆锥纵切面:描述了同一色调的不同亮度和饱和度关系。

(4) 圆锥横切面:色调 H 为绕着圆锥截面度量的色环,圆周上的颜色为完全饱和的纯色,色饱和度为穿过中心的半径横轴。

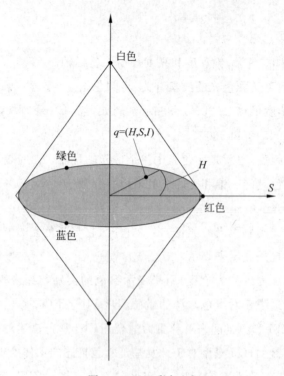

图 3.6 HSI 彩色空间

这个彩色空间很适合彩色图像的处理和借助视觉来定义可解释的局部特性。在 RGB 彩色空间,彩色用 $q=(R,G,B)^{\mathrm{T}}$ 表示。彩色 q 的色调 H 刻画 q 中的主彩色分量。红色作为"参彩色"。因此,$H=0°$ 和 $H=360°$ 对应红色。H 由式(3-15)正式给出

$$H = \begin{cases} \delta & B \leqslant G \\ 360° - \delta & B > G \end{cases} \tag{3-15}$$

其中,

$$\delta = \arccos\left\{\frac{(R-G)+(R-B)}{2\sqrt{(R-G)^2+(R-B)(G-B)}}\right\}$$

彩色 q 的饱和度 S 是对彩色纯度的一个测量。这个参数依赖于彩色感知有贡献的波长的个数。波长的范围越宽,彩色的纯度低;波长的范围越窄,彩色的纯度越高。对纯色

有极端值 $S=1$,对无彩色有极端值 $S=0$。S 由式(3-16)给出：

$$S = 1 - 3\frac{\min(R,G,B)}{R+G+B} \tag{3-16}$$

彩色 q 的亮度 I 对应相对明度(在灰度图像意义上)。极端情况 $I=0$ 对应黑色。亮度定义如下：

$$I = \frac{R+G+B}{3} \tag{3-17}$$

对在 RGB 彩色空间的彩色 $q=(R,G,B)^{\mathrm{T}}$,在 HSI 彩色空间有一个对应的表达(H, $S,I)^{\mathrm{T}}$,这个转换可反转(除了舍入误差和一些奇异处)。下面给出将彩色图像从 HSI 表达向 RGB 表达的转换流程：

```
if(S=0)then                    (gray tone)
     R=G=B=I;
else
    if(0≤H≤120)then            (B is minimum)
     B=(1-S)•I;
     H= 1/√3 •tan(H-60);
     G=(1.5+1.5•H)•I-(0.5+1.5•H)•B;
     R=3•I-G-B;
    else
        if(120≤H≤240)then      (R is minimum)
         R=(1-S)•I;
         H= 1/√3 •tan(H-180);
         B=(1.5+1.5•H)•I-(0.5+1.5•H)•R;
         G=3•I-B-R;
        else                   (G is minimum)
         G=(1-S)•I;
         H= 1/√3 •tan(H-300);
         R=(1.5+1.5•H)•I-(0.5+1.5•H)•G;
         B=3•I-G-R;
        end{if}
```

```
        end{if}
    end{if}
```

HSI 彩色空间中的一个优点是其对彩色信息和非彩色信息的分离。奇异点的存在是 HSI 彩色空间的一个缺点。另外,需要注意到信息内容和计算色调和饱和度的可靠性依赖于发光度[110]。对非色彩,色调和饱和度都没有定义。摄像机的非线性特性一般会对 HSI 的转换有不良影响。

不同彩色空间之间的转换可用硬件有效加速。对 PC 和工作站都有图像处理板可将视频图像(NTSC 或 PAL 格式)或 RGB 图像实时转换为 HSI 图像。反过来将 HSI 图像转换到 RGB 彩色空间也可从式(3-15)～式(3-17)推出。

3.5.2　HSV 彩色空间

HSV 彩色空间,也称为 HSB 彩色空间,HSV 彩色空间模型是面向用户的。在计算机图形学领域很通用。类似于在 HSI 彩色空间中,坐标轴是色调、饱和度和明度。通过将 RGB 单位立方体沿从白到黑的对角线进行投影得到一个六面锥,它构成了 HSV 金字塔的上表面。色调 H 用绕垂直轴的角度来指示。如同在 HSI 彩色空间中,红色对应于角度 0°,绿色对应于角度 120°,蓝色对应于角度 240°。在 HSV 颜色模型中,每一种颜色和它的补色相差 180°。饱和度 S 取值从 0～1,所以圆锥顶面的半径为 1。HSV 颜色模型所代表的颜色域是 CIE 色度图的一个子集,这个模型中饱和度为百分之百的颜色,其纯度一般小于百分之百。在锥体的顶点(即原点)处,$V=0$,H 和 S 无定义,代表黑色。锥体的顶面中心处 $S=0$,$V=1$,H 无定义,代表白色。HSV 彩色空间对应于画家配色的方法。一般画家通过用改变色浓和色深的方法从某种纯色获得不同色调的颜色,在一种纯色中加入白色以改变色浓,加入黑色以改变色深,同时加入不同比例的白色,黑色即可获得各种不同的色调。锥体如图 3.7 所示。

这里,H 表示颜色的相位角,取值范围是 0°～360°,S 表示颜色的饱和度,S 为一比例值,范围从 0～1,它表示成所选颜色的纯度和该颜色最大的纯度之间的比率,一般来说,S 表示的是某种颜色的"纯度",S 取值越大,表示色彩越纯;取值越小,表示色彩越灰。V 表示色彩的明亮程度,范围从 0～1。V 等于 0 表示圆锥的底部定点,也就是黑色;V 等于

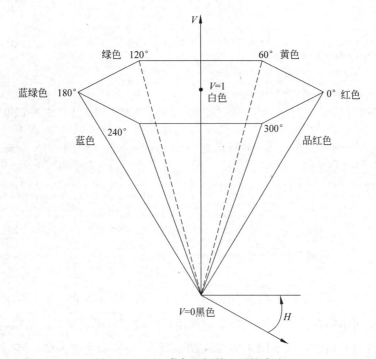

图 3.7　HSV 彩色空间的六面锥表达

1 表示圆锥的顶面,当 $V=1$ 并且 $S=0$ 时表示纯白色,但是并不是所有具有相同明度的彩色都在平面 $V=1$ 上可见。下面给出将彩色图像从 RGB 彩色空间转换进 HSI 彩色空间的伪码,其中 $G_{max}+1$ 只是在每个彩色通道中的最大可能值。反转换这里没有给出但可在文献[111]中找到。有些图像处理程序(如 Adobe Photoshop)包含了在 RGB 和 HSV(他们称为 HSB)表达间转换图像的模块。

下列是将彩色图像从 RGB 表达向 HSV 表达的转换的过程:

```
max=Max(R,G,B);
min=Min(R,G,B);
V=max/G_max;                          {brightness value}
if (max≠0)then S=(max-min)/max        {saturation value}
else S=0;
H=UNDEFINED
```

```
end{if}
if(S>0)then
        D_R=(max-R)/(max-min);
        D_G=(max-G)/(max-min);
        D_B=(max-B)/(max-min);
    if(max=R)then if(min=G)then H=5+D_B      {color between magenta
            else H=1-D_G                          and yellow}
    else if(max=G)then if(min=B)then H=1+D_R  {color between yellow
        else H=3-D_B                              and cyan}
else if(min=R)then H=3+D_G                    {color between cyan
else H=5-D_R                                      and magenta}
end{if}
if(H<6)then H=60
else H=0;
end{if}
```

除了已经解释过的奇异点问题，前面介绍的 HSV 和 HSI 彩色空间还都有同一个问题，即 RGB 空间中的直线映射到上两个空间中后一般都不再是直线。这里特别要指出的是在彩色空间插值和在彩色空间之间变换的情况。HSV 彩色空间的一个优点源于下面的事实，即它直观地对应画家混合彩色时的彩色系统，其操作很容易学习。在彩色数字图像处理中，HSV 彩色空间的重要性较弱。它只用于对彩色图像的彩色值的简单操作（如 Adobe Photoshop）。

3.6　本 章 小 结

本章从我们对彩色信息的识别和判断出发，首先介绍图像的基本类型、彩色图像的基本术语，然后在此基础之上介绍了一些常用的彩色空间和基于感知的彩色空间，为后文继续介绍对彩色图像水印处理奠定基础。彩色图像包含比灰度图像更高的信息层次。这些信息使彩色图像处理在传统的图像处理的领域得到更广泛的应用。对很多技术来说，随着彩色的使用，使图像处理过程也变得更简单、鲁棒、可用，这也使得研究彩色图像水印变得更有意义。

第 4 章　基于 DC 系数的彩色图像盲水印算法研究

　　本章结合变换域水印技术具有鲁棒性强、空域水印技术具有计算复杂度低的优点,在空域中实现了一种基于 DC 系数的彩色图像盲水印算法。根据 DCT 域中 DC 系数的形成原理,在空域中求得亮度分量 Y 中每一 8×8 子块的 DC 系数及其修改量,然后在空域中通过直接修改像素值来实现在 DCT 域中修改 DC 系数来嵌入水印的目的;水印的提取不需要原始水印和原始宿主图像,实验结果表明所提算法具有较好的水印性能。

4.1　引　　言

　　随着人们对数字版权保护意识的加强,数字水印技术越来越受到重视[112,113]。在数字水印技术中,按图像水印隐藏位置的不同,可将其分为空域水印[114]和变换域水印[115-120]。变换域水印技术一般是将图像进行变换域变换,通过修改其变换系数来嵌入水印,其主要优点是具有较强的鲁棒性;而空域算法通常是将水印嵌入像素的不重要比特位上,其具有计算简单、时间复杂度低等优点。由于变换域和空域各有不同的优点,因而各自在数字水印中都得到广泛的应用。但是,通过研究发现这些应用是在单一的变换域或空域中实现的,没有将两者的优点较好地结合起来。虽然 Shih 等人[121]提出组合空域和变换域的算法,但是并没有真正结合空域和变换域的优点来实现水印嵌入,它是在不同条件下来分别选择空域或者变换域算法。从原理上讲,变换域水印算法是将嵌入的信号能量分布到空域中的所有像素,这意味着可以在空域里直接更新像素的值来完成变换域算法的功能。

　　基于上述讨论,本章提出一种结合两者优点的彩色图像盲水印算法。首先,将原始彩色宿主图像有 RGB 色彩空间转换到 YC_bC_r,并将其 Y 分量分成大小为 8×8 的像素块;然后,根据 DCT 域中 DC 系数的形成原理,在空域里直接计算每一分块的 DC 系数,并根据水印信息和量化步长来确定每一个 DC 系数的修改量;最后,根据 DC 系数修改量的分布特点,直接在空域中完成水印的嵌入与提取。本章所提算法在空域中完成了变换域中嵌入水印的过程,避免了变换域系数转换形成的误差。实验结果表明,所提算法能够将二值水印信息嵌入到彩色宿主图像,不但具有变换域算法鲁棒性强的优点,而且具有空域算法执行效率高优点。

4.2　空域中修改 DC 系数的方法

DCT(Discrete Cosine Transform)变换是一种常用的变换域方法,其变换结果中将包含一个直流系数 DC(Direct Current)和多个交流系数 AC(Alternate Current)。由于在变换域中获得 DC 系数需要用到余弦函数计算造成算法执行时间长的缺点,因此在下面将重点阐述在空域中获得 DC 系数的方法。

4.2.1　空域中获得 DC 系数

给定一幅大小为 $M \times N$ 的图像 $f(x,y)(x=0,1,2,\cdots,M-1;y=0,1,2,\cdots,N-1)$,其 DCT 变换定义为

$$C(u,v) = \alpha_u \alpha_v \sum_{x=0}^{M-1} \sum_{y=0}^{N-1} f(x,y)\cos\frac{\pi(2x+1)u}{2M}\cos\frac{\pi(2y+1)v}{2N} \tag{4-1}$$

其中,

$$\alpha_u = \begin{cases} \sqrt{1/M} & u=0 \\ \sqrt{2/M} & 1 \leqslant u \leqslant M-1 \end{cases}, \quad \alpha_v = \begin{cases} \sqrt{1/N} & v=0 \\ \sqrt{2/N} & 1 \leqslant v \leqslant N-1 \end{cases} \tag{4-2}$$

同样,其 DCT 逆变换定义如下:

$$f(x,y) = \sum_{u=0}^{M-1} \sum_{v=0}^{N-1} \alpha_u \alpha_v C(u,v)\cos\frac{\pi(2x+1)u}{2M}\cos\frac{\pi(2y+1)v}{2N} \tag{4-3}$$

由式(4-1)可知,当 $u=0,v=0$,则 DCT 域中的 DC 系数 $C(0,0)$ 可表示为

$$C(0,0) = \frac{1}{\sqrt{MN}} \sum_{x=0}^{M-1} \sum_{y=0}^{N-1} f(x,y) \tag{4-4}$$

由式(4-4)可以看出,DC 系数 $C(0,0)$ 可以在空域中通过简单的数学运算求得而无须经过复杂的 DCT 变换得到,这样可以减少余弦或反余弦计算的时间。

4.2.2　空域中利用 DC 系数嵌入水印的可行性

一般来说,在 DCT 域中嵌入水印的过程实际是将水印信息加在 DCT 变换系数上,然后经过逆 DCT 变换得到含水印图像的过程。下面,从能量守恒的角度来说明在 DC 系数嵌入水印是可行的。

假设一个外来水印信号 $E(i,j)$ 加到 DCT 变换后的一任意系数 $C(i,j)$,其中,$i=0,1,\cdots,M-1,j=0,1,\cdots,N-1$,则该系数改变为 $C(i,j)^*$,如式(4-5)所示:

$$C(i,j)^* = C(i,j) + E(i,j) \tag{4-5}$$

利用逆 DCT 可以计算出被修改后的图像 $f(x,y)^*$。

$$
\begin{aligned}
f(x,y)^* &= \sum_{i=0}^{M-1}\sum_{j=0}^{N-1} \alpha_i\alpha_j C(i,j)^* \cos\frac{\pi(2x+1)i}{2M}\cos\frac{\pi(2y+1)j}{2N} \\
&= \sum_{i=0}^{M-1}\sum_{j=0}^{N-1} \alpha_i\alpha_j C(i,j)\cos\frac{\pi(2x+1)i}{2M}\cos\frac{\pi(2y+1)j}{2N} \\
&\quad + \alpha_i\alpha_j E(i,j)\cos\frac{\pi(2x+1)i}{2M}\cos\frac{\pi(2y+1)j}{2N} \\
&= f(x,y) + e(i,j)
\end{aligned}
\tag{4-6}
$$

其中,

$$e(i,j) = \alpha_i\alpha_j E(i,j)\cos\frac{\pi(2x+1)i}{2M}\cos\frac{\pi(2y+1)j}{2N} \tag{4-7}$$

其中,$e(i,j)$ 是在第 (x,y) 像素块的第 (i,j) 个 DCT 系数上添加的信号。所添加信号的所有能量可以计算为

$$E = \sum_{x=0}^{M-1}\sum_{y=0}^{N-1} e^2(x,y) \tag{4-8}$$

根据式(4-2)和式(4-7),可以将式(4-8)进一步推导如下:

(1) 当 $i=0,j=0$ 时,则

$$E = \sum_{x=0}^{M-1} \sum_{y=0}^{N-1} e^2(i,j) = \sum_{x=0}^{M-1} \sum_{y=0}^{N-1} \frac{1}{MN} E^2(i,j) = E^2(i,j) \tag{4-9}$$

(2) 当 $i=0, j\neq0$ 时,则

$$E = \sum_{x=0}^{M-1} \sum_{y=0}^{N-1} e^2(i,j) = \sum_{x=0}^{M-1} \frac{1}{M} E^2(i,j) \sum_{y=0}^{N-1} \frac{2}{N} \cos^2 \left[\frac{(2y+1)j\pi}{2N} \right]$$

$$= E^2(i,j) \sum_{y=0}^{N-1} \frac{2}{N} \cos^2 \left[\frac{(2y+1)j\pi}{2N} \right] = E^2(i,j) \tag{4-10}$$

(3) 当 $i\neq0, j=0$ 时,则

$$E = \sum_{x=0}^{M-1} \sum_{y=0}^{N-1} e^2(i,j) = \sum_{x=0}^{M-1} \frac{2}{M} \cos^2 \left[\frac{(2x+1)i\pi}{2N} \right] \sum_{y=0}^{N-1} \frac{1}{N} E^2(i,j)$$

$$= E^2(i,j) \sum_{x=0}^{M-1} \frac{2}{M} \cos^2 \left[\frac{(2x+1)i\pi}{2M} \right] = E^2(i,j) \tag{4-11}$$

(4) 当 $i\neq0, j\neq0$ 时,则

$$E = \sum_{x=0}^{M-1} \sum_{y=0}^{N-1} e^2(i,j)$$

$$= \sum_{x=0}^{M-1} \frac{2}{M} \cos^2 \left[\frac{(2x+1)i\pi}{2M} \right] \sum_{y=0}^{N-1} \frac{2}{N} \cos^2 \left[\frac{(2y+1)j\pi}{2N} \right] E^2(i,j)$$

$$= E^2(i,j) \tag{4-12}$$

由以上公式可以看出,在 DCT 域中对任意位置系数的修改量与其逆变换后在空域中的变化量是等同的。由式(4-9)可知,对于在直流分量中嵌入水印也不例外。

4.2.3 空域中修改 DC 系数

在 DCT 变换的结果中除了一个 DC 系数外,其余的都是 AC 系数,因此,由式(4-3)所述的 DCT 逆变换可以改写为

$$f(x,y) = \frac{1}{\sqrt{MN}} C(0,0) + f(x,y)^{AC} \tag{4-13}$$

其中,$f(x,y)^{AC}$ 是由 AC 分量数据重组的交流成分图像。

假设分块后的原始宿主图像可表示为

$$f(x,y) = \{f_{i,j}(m,n), 0 \leqslant i < M/b, 0 \leqslant j < N/b, 0 \leqslant m,n < b\} \quad (4\text{-}14)$$

其中，M 和 N 表示原始图像的行列尺寸，原始图像被分割成大小为 $b \times b$ 的非重叠块，每一个块的行列坐标为 (i,j)，m、n 是每个块内像素点的坐标。

假设将水印 W 嵌入 DC 系数的第 (i,j) 个子块，其修改量定义为 $\Delta M_{i,j}$，则 DCT 域中在 (i,j) 块 DC 系数嵌入水印的过程可以描述为

$$C_{i,j}(0,0)^* = C_{i,j}(0,0) + \Delta M_{i,j} \quad (4\text{-}15)$$

$$f_{i,j}(m,n)^* = \frac{1}{b} C_{i,j}(0,0)^* + f_{i,j}(m,n)^{AC} \quad (4\text{-}16)$$

其中，$C_{i,j}(0,0)$ 是 (i,j) 的 DC 系数；$C_{i,j}(0,0)^*$ 是用 $\Delta M_{i,j}$ 修改后的 DC 系数；$f_{i,j}(m,n)^*$ 是含水印的图像。

不难发现，利用式(4-14)和式(4-15)，式(4-16)可进一步推导为

$$f_{i,j}(m,n)^* = \frac{1}{b} C_{i,j}(0,0)^* + f_{i,j}(m,n)^{AC}$$

$$= \frac{1}{b}(C_{i,j}(0,0) + \Delta M_{i,j}) + f_{i,j}(m,n)^{AC}$$

$$= \frac{1}{b} \Delta M_{i,j} + f_{i,j}(m,n) \quad (4\text{-}17)$$

式(4-17)表明：对于宿主图像 $f(x,y)$，在 DCT 域中利用 DC 系数来嵌入水印可以直接在空域中实现，也就是说在空域中将 $b \times b$ 块内的每个像素的增加 $\Delta M/b$ 即可嵌入水印。本章用一个 4×4 的像素块来举例说明这个过程。原始像素块如图 4.1(a)所示，当在 DCT 域中的 DC 系数嵌入水印时，则该块执行 DCT 变换结果如图 4.1(b)所示；然后，DC 系数用 $\Delta M = 16$ 来修改，图 4.1(c)说明了根据式(4-15)嵌入水印的过程。最后，如图 4.1(d)所示的含水印的图像块能够通过式(4-3)的逆 DCT 变换获得。值得注意的是，图 4.1(a)与图 4.1(d)中相对应的像素值之差为 4，即 $\Delta M/b = \Delta M/4 = 16/4 = 4$，根据式(4-17)能够在空域中由图 4.1(a)直接获得图 4.1(d)。

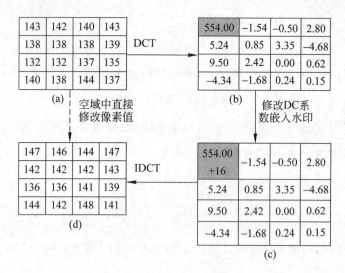

图 4.1　空域中利用 DC 系数嵌入水印说明

4.3　基于 DC 系数的空域水印算法

通常,一个完整的水印算法将包含水印生成、水印嵌入与水印提取三个过程。在生成水印时,本章所提水印算法采用了哈希置乱以提高其安全性和鲁棒性;在水印嵌入与提取阶段,采用了系数量化的方法达到盲提取的目的,算法的详细步骤描述如下。

4.3.1　水印生成

本章采用的原始水印 W 如图 4.2(a)所示,经过基于密钥 K_1 的哈希置乱[129]所得结果如图 4.2(b)所示,这样将进一步提高了水印的鲁棒性和安全性。

4.3.2　水印嵌入

水印嵌入的过程如图 4.3 所示。

(a)　　　　　(b)

图 4.2　水印预处理

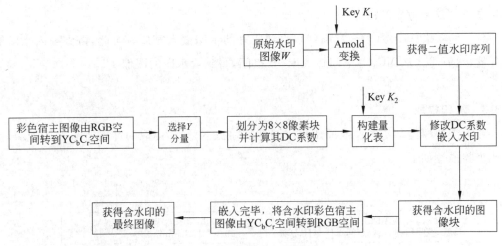

图 4.3 水印嵌入的框图

其具体步骤描述如下。

(1) 将宿主图像由 RGB 空间转到 YC_bC_r 空间。

(2) 获得 YC_bC_r 中的 Y 分量,并把它分成大小为 8×8 的非重叠的像素子块。

(3) 根据式(4-4),在空域中直接计算每一个子块内的 DC 系数 $C_{i,j}(0,0)$。

(4) 根据量化表 $QA(k)$ 和 $QB(k)$ 来量化 DC 系数。其中,量化表的建立是基于密钥 K_2 的量化步长 Δ。

$$QA(k) = \min(C_{i,j}(0,0)) + (2k-4) \times \Delta \qquad (4\text{-}18)$$

$$QB(k) = \min(C_{i,j}(0,0)) + (2k-5) \times \Delta \qquad (4\text{-}19)$$

其中,$1 \leqslant k \leqslant \text{round}((\max(C_{i,j}(0,0)) + 2\Delta)/(2\Delta)) - \text{round}((\min(C_{i,j}(0,0)) - 2\Delta)/(2\Delta)))$,$\min(.)$ 和 $\max(.)$ 分别定义了量化系数的最小值和最大值,$\text{round}(.)$ 为取整函数。

(5) 根据式(4-20)和式(4-21),计算 DC 系数的修改量 $MC_{i,j}$。

$$C_{i,j}(0,0)^* = \begin{cases} QA(k), & \text{if } W(i,j) = 1 \quad \text{and} \quad \min(C_{i,j}(0,0) - QA(k)) \\ QB(k), & \text{if } W(i,j) = 0 \quad \text{and} \quad \min(C_{i,j}(0,0) - QB(k)) \end{cases} \qquad (4\text{-}20)$$

$$MC_{i,j} = C_{i,j}(0,0)^* - C_{i,j}(0,0) \qquad (4\text{-}21)$$

其中,$C_{i,j}(0,0)^*$ 是嵌入水印后该块的 DC 系数。

(6) 利用式(4-17),将所有像素的值加上 $MC_{i,j}/8$,也就是说,在空域中嵌入了一个水印信息位到这个像素块内。

(7) 重复执行步骤(3)～步骤(6),直到所有的水印嵌入完成。至此,得到嵌入水印的 Y 分量,然后将之从 YC_bC_r 空间转到 RGB 空间,得到含水印的图像 I^*。

4.3.3 水印提取

在不需要原始宿主图像或原始水印图像的前提下,水印提取的过程如图 4.4 所示,其具体步骤描述如下。

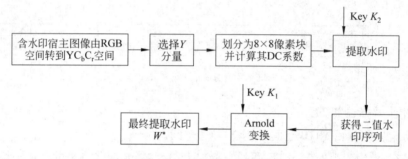

图 4.4 水印提取的框图

(1) 将含水印图像 I^* 从 RGB 转换到 YC_bC_r 空间。

(2) 获得 YC_bC_r 的 Y 分量,并且分割成大小为 $8×8$ 的非重叠的像素子块。

(3) 利用式(4-4)直接获得 DC 系数 $C_{i,j}(0,0)$。

(4) 根据式(4-22),利用基于密钥 K_2 的步长 Δ 来决定水印 $w(i,j)^*$。

$$w(i,j)^* = \mathrm{mod}(\mathrm{ceil}(C_{i,j}(0,0)/\Delta),2) \tag{4-22}$$

其中,$\mathrm{mod}(.)$ 为求余函数;$\mathrm{ceil}(x)$ 是取不小于 x 的最小整数。

(5) 利用密钥 K_1 对 $w(i,j)^*$ 执行哈希逆置乱变换,并获得最终提取水印 W^*。

4.4 算法测试与结果分析

为了测试本章算法的性能,本章选取如图 4.5(a)所示 4 幅大小为 $512×512$ 的 24 位真彩色图像作为原始宿主图像,选取如图 4.2(a)所示的大小为 $64×64$ 的二值图像作为数字水印，它满足了水印长度最大化的要求。

　　为了解决水印鲁棒性和不可见性之间的冲突，根据 JPEG 的量化矩阵，选择量化步长 Δ 为 20；为了评估含水印图像的质量，采用结构相似度指数（SSIM）来衡量含水印图像 I^* 和原始图像 I 之间的相似度，用归一化相关系数（NC）来衡量所提取的水印 W^* 和原始水印 W 之间的相似度。

4.4.1　水印不可见性测试

　　图 4.5(a)是原始宿主图像，图 4.5(b)是相应的含水印图像，图 4.5(c)是未受攻击的前

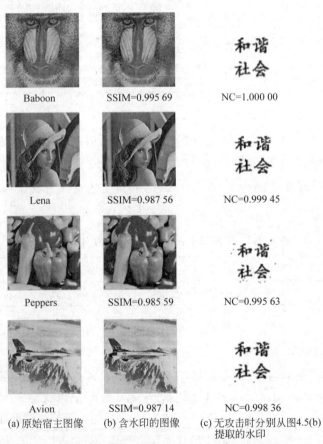

Baboon	SSIM=0.995 69	NC=1.000 00
Lena	SSIM=0.987 56	NC=0.999 45
Peppers	SSIM=0.985 59	NC=0.995 63
Avion	SSIM=0.987 14	NC=0.998 36

(a) 原始宿主图像　　(b) 含水印的图像　　(c) 无攻击时分别从图4.5(b)
提取的水印

图 4.5　嵌入水印与无攻击时提取水印的结果

提下从图 4.5(b)中提取的水印,从图 4.5(b)可以看出所提算法具有较好的水印不可见性。

从表 4.1 可以看到,所提出的基于空域算法要优于基于 DCT 的算法,这是因为基于 DCT 的算法包含着 DCT 变换和逆向 DCT 变换,其中将包含着数值类型转换、余弦函数计算、矩阵操作、无理数计算等,这些计算误差可以导致较低的计算精度和较大的偏差。

表 4.1　在不同域中利用 DC 系数嵌入水印的比较和未受攻击时提取水印的比较

图　　像	空　　域		DCT 域	
	SSIM	NC	SSIM	NC
Baboon	0.995 69	1.000 00	0.995 68	0.980 04
Lena	0.987 56	0.999 45	0.987 55	0.957 90
Peppers	0.985 58	0.995 63	0.985 55	0.935 76
Avion	0.987 14	0.998 36	0.987 11	0.954 35

同时,本章在 CPU 为 Pentium 2.80GHz,内存为 1.00GB 的硬件环境下,利用 MATLAB 2010 实验平台进行实验得出不同算法的执行时间数据,由表 4.2 可以看出,在空域中的执行时间要小于在 DCT 域中的执行时间,这是因为前者的时间复杂度为 $O(N^2)$,而后者的时间复杂度为 $O(N^{2\lg N})$,因此所提出的空域算法要优于基于 DCT 的算法。

表 4.2　在不同域中执行算法所需的时间比较(s)

时　间	空　域	DCT 域	时　间	空　域	DCT 域	时　间	空　域	DCT 域
嵌入时间	3.1044	5.3196	提取时间	0.3901	1.8096	总时间	3.4945	7.2292

4.4.2　水印鲁棒性测试

为了验证所提算法的鲁棒性,将图 4.5(b)中 4 幅含水印的图像进行常见的图像处理(例如,JPEG 压缩、噪声攻击、中值滤波攻击和马赛克攻击)和几何攻击(例如,剪切操作)。

表 4.3 给出了 4 幅含水印图像在 JPEG 压缩攻击后所提取的结果,从中可以看出,当压缩因子为 40% 时,NC 的值足以说明所提水印算法具有较强的鲁棒性。

表 4.3 含水印图像受 JPEG 压缩攻击后所提取水印的 NC 值

压缩因子	Baboon	Lena	Peppers	Avion	压缩因子	Baboon	Lena	Peppers	Avion
30	0.8291	0.8201	0.7958	0.7359	70	0.9997	0.9995	0.9940	0.9986
40	0.9858	0.9639	0.9508	0.9527	80	0.9997	0.9992	0.9956	0.9995
50	0.9859	0.9806	0.9705	0.9790	90	1.0000	1.0000	0.9984	1.0000
60	0.9986	0.9970	0.9926	0.9885					

表 4.4 是添加不同的椒盐噪声所得的结果,可以看出所有图像在添加不同因子的噪声后仍然能够提取具有较大 NC 值的水印,这说明了所提算法具有较强鲁棒性。

表 4.4 含水印图像受椒盐噪声攻击后所提取水印的 NC 值

噪声参数	Baboon	Lena	Peppers	Avion	噪声参数	Baboon	Lena	Peppers	Avion
0.01	0.9721	0.9785	0.9574	0.9709	0.04	0.8950	0.8931	0.8753	0.8707
0.02	0.9371	0.9428	0.9341	0.9303	0.05	0.8606	0.8712	0.8666	0.8486
0.03	0.9139	0.9423	0.8937	0.9090					

同时,表 4.5 给出了含水印图像受到其他不同攻击后所提取的水印结果,例如,马赛克攻击(2×2,3×3)、中值滤波攻击(2×2,3×3)、Butterworth 低通滤波攻击(截止频率为 50Hz,级别 $n = 2,3$)。由表 4.5 可以看出,所提取的大部分水印的 NC 值接近于 1,这意味着所提算法对大部分常用的攻击具有较强的鲁棒性。

表 4.5 含水印图像受到其他不同攻击后所提取水印的 NC 值

攻击方式	Baboon	Lena	Peppers	Avion
马赛克攻击 2×2	0.9984	0.9956	0.9863	0.9918
马赛克攻击 3×3	0.8158	0.8242	0.8242	0.8513
中值滤波攻击 2×2	0.9978	0.9929	0.9917	0.9901
中值滤波攻击 3×3	0.9648	0.9136	0.9475	0.8778
Butterworth 低通滤波攻击 $n = 2,50$Hz	0.8461	0.9075	0.9420	0.9017
Butterworth 低通滤波攻击 $n = 3,50$Hz	0.8261	0.9001	0.9410	0.9005

为进一步验证所提算法抵抗几何攻击的能力,如图 4.6(a)、图 4.6(c)是含水印的 Lena 图像受到不同位置、不同尺寸的剪切结果,图 4.6(b)、图 4.6(d)分别给出了从相应 的剪切图中所提取的水印,从所提取水印的视觉效果及其 NC 值可以看出所提算法具有 较强的鲁棒性。

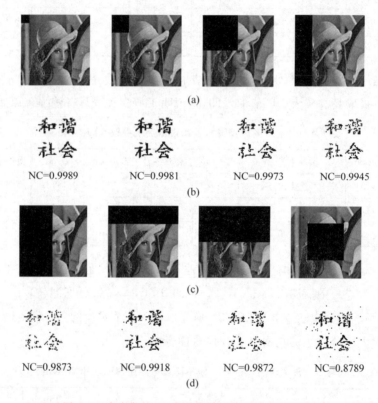

图 4.6　含水印的 Lena 图像受到剪切攻击后的结果

4.5　本 章 小 结

本章提出一种新的彩色图像盲水印技术,其突出的优点是:①在空域中完成 DCT 域 DC 系数的计算,并将数字水印嵌入在 DC 系数中。与 DCT 域算法相比,所提算法的执行时间减小了一半,并且减小了计算误差,提高了算法的性能;②利用基于密钥 K_1 的哈希置乱和基于密钥 K_2 的量化步长,水印算法的安全性得到保障;③所提算法不但具有较强的鲁棒性,而且算法简单,能够在空域中达到盲提取的目的。但是,该算法是将二值水印嵌入彩色宿主图像中,不能简单利用它将同样大小的彩色图像水印嵌入彩色宿主图像中,第 5 章将研究如何将彩色图像数字水印嵌入彩色宿主图像中。

第 5 章　基于整数小波变换的双彩色图像盲水印算法研究

　　本章首先提出了一种状态编码技术，即修改数据集合中的某一数据使数据集合的状态码与隐藏的水印信息相同。嵌入水印时，利用整数小波变换（Integer Wavelet Transform，IWT）和状态编码规则，将彩色水印的 R、G、B 分量依次嵌入彩色宿主图像的 R、G、B 分量中；提取水印时，无须原始水印图像或原始宿主图像，利用状态码即可从含水印的图像中提取所嵌入的水印信息。实验结果表明所提水印算法在满足水印其他主要性能要求的同时，其水印容量高达 98 304b。

5.1　引　　言

　　目前，在数字水印算法中研究的载体图像多为灰度图像[36]，水印多为二值图像[39,64,122]或是灰度图像[40-42]。第 4 章研究了将二值图像嵌入彩色图像的盲水印算法，该算法虽然能够快速地利用二值图像对彩色图像进行版权保护，但是不能满足彩色图像数字水印嵌入彩色图像的需要。

　　由于彩色图像作为数字水印具有容量大的特点，与二值水印相比难以嵌入宿主图像中，因而对于彩色图像水印的研究比较少。而目前的互联网中广泛应用的是多为彩色图像，因此研究彩色图像水印的嵌入与提取更有实用价值。

　　对于一种可行的数字水印算法，必须考虑其三个关键的技术指标：鲁棒性、水印不可见性和水印容量[36]。对于彩色图像水印，必须在保证其充分嵌入和足够不可见性的前提下，进一步加强其鲁棒性，因此，如何将大容量的彩色图像数字水印十分隐蔽地嵌入宿主图像是首先要解决的问题。

　　由于整数小波变换具有各向异性和多方向性等良好特性，可以直接将整数映射成为整数，不存在舍入误差，算法实现速度快，可较好地保证水印的透明性。近几年，研究人员提出了很多基于 IWT 的数字水印算法[123-125]；在现存的基于 IWT 的水印算法中,大多数以研究半脆弱水印为主且其宿主图像是灰度的,仅有少数水印算法应用于彩色图像。例如,文献[123]提出一种基于提升整数小波的图像自认证的图像篡改检测算法。文献[124]提出了基于整数小波变换的多重标识水印来进行灰度图像的版权保护；为了保护彩色图像的版权,文献[125]提出了基于 IWT 的将二值图像水印嵌入彩色图像的盲水印算法。

　　根据如上讨论,本章提出一种基于整数小波变换和状态编码的双彩色图像数字水印算法。一方面,可以利用所提出的状态编码技术使数据集合的状态码等于隐藏的水印信息,这不但能够保证了水印的盲提取,而且可以提高水印的容量；另一方面,可以利用了整数小波变换的优点来提高水印的鲁棒性。实验结果表明,本章算法既满足了大容量彩色图像水印的嵌入,又具有较好的水印不可见性。

5.2　状态编码与整数小波变换

5.2.1　状态编码技术

　　为了实现水印的盲提取,本章提出状态编码的思想,为此,先约定状态编码的有关术语。

　　定义 5.1　状态码就是指某一数值与其所在的进制数求余所得的结果。

　　对于单一数值的状态码比较容易求得,例如,十进制数 61 的状态码是 1；而对于一组数据$(a_1,a_2,\cdots,a_n)$,则按照下列公式求得其状态码:

$$s = \mod\Big(\sum_{i=1}^{n}(a_i \times i),r\Big) \tag{5-1}$$

其中,r 表示数值 a_i 所具有的进制数。例如,一组十进制数[12,34,56]的状态码 $s=8$。

　　定义 5.2　状态编码就是通过改变一组数据中部分数据的大小使该组的状态码与待隐藏信息一致的过程。

　　因为对于任意整数 x 其变化状态有两种,即增大或减小,所以在一般情况下,n 个整数中最多以幅度 1 改动一个整数则可以有 $2n$ 个变化状态。本章利用不同的变化状态表

示不同的水印信息 w，$w=\{0,1,\cdots,9\}$，w 共有 10 个状态；另外，由于十进制数据是用 10 个数码来表示的数，这与水印信息状态是相等的，因此可以用 5 个十进制数所组成的单元数据的状态码来表示一个水印信息。

5.2.2　整数小波变换

由于彩色图像数字水印的数据信息量一般比较大，其嵌入和检测的时间一般比较长，而现有水印算法多使用传统的小波变换，其算法实现速度较慢；另外，传统小波变换的滤波器输出的是浮点数，小波系数量化时存在舍入误差，并且图像的重构质量与变换时处理边界的方式有关，而图像的灰度值是以整数形式表示和存储的，因此要进行无失真的变换，整数小波变换可以直接将整数映射成为整数，不存在舍入误差，算法实现速度快[126,127]。

AT&Bell 实验室的 Wim Sweldens 提出了提升方案（Lifting Scheme），利用 Lifting Scheme 算法可以实现整数小波变换[128]。"提升"算法是一种新的小波构造方法，它在构造小波的方式上不是用傅里叶变换和基于傅里叶变换的尺度收缩，而是直接通过分裂、预测和更新等一系列简单的步骤来完成对一列数字信号的变换，具体步骤如下。

（1）分裂。通过最简单的分裂方法将输入的原始信号 s_i 分为两个较小的互不相交的奇偶子集，即奇子集 s_{i-1} 和偶子集 d_{i-1}，也称为小波子集，该分裂过程表示为

$$F(s_i) = (s_{i-1}, d_{i-1}) \tag{5-2}$$

（2）预测。通常情况下这两个集合是紧密相关的，从一个集合能很好地预测另一个集合。实际中，虽然不可能从子集 s_{i-1} 中准确地预测子集 d_{i-1}，但是 $P(s_{i-1})$ 有可能很接近 d_{i-1}，因此可以使用 d_{i-1} 和 $P(s_{i-1})$ 的差来代替原来的 d_{i-1}，这样产生的 d_{i-1} 比原来的 d_{i-1} 包含更少的信息，即

$$d_{i-1} = d_{i-1} - P(s_{i-1}) \tag{5-3}$$

其中，P 表示预测算子，预测算子的构造需要考虑原始信号本身的特点，反映数据的相互关系。

（3）更新。为了使原信号集的某些全局特性在其子集 s_{i-1} 中继续保持，例如，希望分解后的子图像 s_{i-1} 仍然保持原来整个图像的亮度值，即 s_{i-1} 和原图有相同的像素平均亮度

值,必须进行更新。更新的目标是要找一个更好的子集 s_{i-1},使得它保持原图的某一标量特性(例如,均值、消失矩等不变)。更新过程定义如下:

$$s_{i-1} = s_{i-1} + U(d_{i-1}) \tag{5-4}$$

其中,U 为更新算子,在进行提升变换之后;偶子集 d_{i-1} 就是低频分量;奇子集 s_{i-1} 就是高频分量。对低频分量做同样的变换可得下一级变换。提升算法的分解和重构框图如图 5.1 所示。

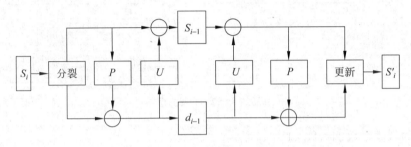

图 5.1　提升算法的分解和重构

5.3　基于状态编码和整数小波变换的彩色图像水印算法

5.3.1　水印嵌入

彩色图像作为数字水印在嵌入之前,其数字化处理十分重要,数字水印的结构将直接影响其嵌入质量,其数字化处理要比二值图像的数字化处理复杂一些。嵌入水印之前,首先将作为数字水印的彩色图像按三原色分成 R、G、B 三分量。同时,为了提高含数字水印的鲁棒性,本章采用基于 MD5 的 Hash 置乱[129]重新分布每一分量的像素信息 Wr、Wg、Wb。嵌入算法是在整数小波变换的基础上,利用状态编码法来实现水印嵌入,其水印嵌入的流程如图 5.2 所示。

具体的水印嵌入步骤如下所述。

(1) 将数值型水印信息 Wr、Wg、Wb 进行降维处理得到一维数据,同时进行数据类型转换得到长度为 3 的等长字符数据,并进行字符连接得到字符型水印信息。例如,将三个像素值 206、66、5 分别转换为 206、066、005,依次连接后得到字符型水印信息 206066005。

(2) 将彩色宿主图像 I 按三原色分成 R、G、B 三分量,并执行一级整数小波变换,获

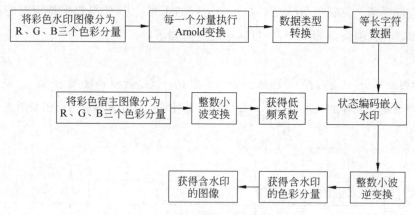

图 5.2 水印嵌入的框图

得各分量的低频系数 Hr、Hg、Hb。

（3）利用状态编码法依次将 Wr、Wg、Wb 嵌入 Hr、Hg、Hb。

状态编码法的具体过程如下。

① 将宿主图像中的小波低频系数分成连续的小波系数单元,每一单元包含 5 个系数值,可表示为$\{a_i,1\leqslant i\leqslant 5,0\leqslant a_i\leqslant 255\}$。

② 利用式(5-1),计算该系数单元的状态码 s。

③ 从字符型水印信息中截取当前水印信息 w,并利用式(5-5)计算 w 与初始状态码的差值 e。

$$e = \mathrm{mod}((w-s),10) \tag{5-5}$$

④ 按照下面的规则来嵌入水印 w,直到 $s=w$ 为止。

规则一：如果 $e=0$,则该系数单元的值不做任何修改。

规则二：如果 $1\leqslant e\leqslant 5$,则该系数单元中 a_e 值加 1。

规则三：如果 $e>5$,则该系数单元中 a_{10-e} 值减 1。

例如,设水印信息 $w=$ "1",系数单元是(137,139,141,140,130),依据上述式(5-1)和式(5-5)依次求得 $s=8,e=3$。按照规则二,将第 3 个系数值加 1,得到修改后的系数单元为(137,139,142,140,130)。

另外,在这里要注意两种特例。

特例一：当 $1 \leqslant e \leqslant 5$ 并且 $a_e = 255$ 时，按照规则二应加 1，结果使 a_e 超过 255，即超出了系数值的有效范围，此时将加 1 操作改为减 1 操作。

特例二：当 $e > 5$ 并且 $a_{10-e} = 0$，按照规则三应减 1，结果使 a_{10-e} 小于 0，也超出了系数值的有效范围，此时将减 1 操作改为加 1 操作。

例如，设水印信息 $w =$ "6"，系数单元是 $(0,0,0,0,0)$，依据式 (5-1) 和式 (5-5) 依次求得 $s = 0, e = 4, a_4$ 无法减 1，则按照特例二将 a_4 加 1，得系数单元 $(0,0,0,1,0)$，再次计算求得 $s' = 4, e' = 2$，则按照规则二将 a_2 加 1，得系数单元 $(0,1,0,1,0)$，依据公式求得 $s'' = 6 = w$，该水印信息嵌入完成。

（4）对修改后的整数小波系数进行逆小波变换得到含水印的 R、G、B 分量，然后合并各分量图像得到含水印的图像 I^*。

5.3.2　水印提取

在了解嵌入算法步骤的情况下，水印的提取算法比较简单，它基本上是整个嵌入过程的逆过程，其水印提取的过程如图 5.3 所示，水印提取具体步骤如下。

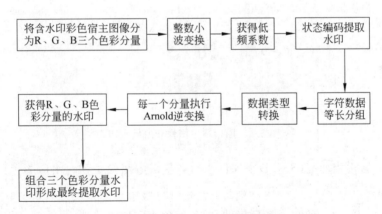

图 5.3　水印提取的框图

（1）将含水印的彩色图像 I^* 按三原色分成 R、G、B 三个分量，并分别执行一级整数小波变换，获得低频系数 Tr、Tg、Tb。

（2）将每一低频系数中每 5 个系数值组成一个系数单元。

(3) 依据式(5-1)从系数单元中提取水印信息。

(4) 将提取的字符型水印信息进行 3 位组合并进行数据类型转换,最终提取 R、G、B 分量的水印。

(5) 组合分量水印形成最终水印 W^* 。

5.4　算法测试与结果分析

为了测试所提算法的性能,本章选取 4 幅标准的 512×512 像素的 24 位真彩色图像作为原始宿主图像(Lena,Baboon,Peppers,Avion),如图 5.4(a)所示。用一幅 64×64 像素的 24 位真彩色图像作为原始彩色图像水印,如图 5.4(b)所示。

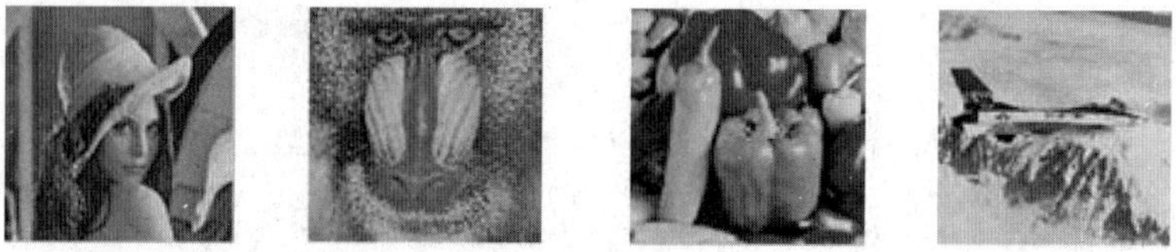

(a)

2013
507

(b)

图 5.4　原始宿主图像和原始水印

本章使用结构相似度(SSIM)来评价原始彩色宿主图像 I 和含水印彩色图像 I^* 之间的相似度,即对水印不可见性作以评价;并采用归一化相关值(NC)作为衡量提取水印 W^* 与原始水印 W 的一种客观衡量标准,即可评价水印的鲁棒性。

5.4.1　水印不可见性测试

由图 5.5(a)可以看出,嵌入水印图像的 SSIM 值基本接近 1,很难察觉到嵌入水印的存在,所以本章提出的水印技术具有较高的水印不可见性;同时,实验结果表明在含水印图像没有受到任何攻击时能很好地提取所嵌入的水印,如图 5.5(b)所示。

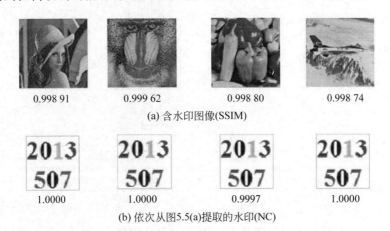

0.998 91　　　0.999 62　　　0.998 80　　　0.998 74

(a) 含水印图像(SSIM)

1.0000　　　1.0000　　　0.9997　　　1.0000

(b) 依次从图5.5(a)提取的水印(NC)

图 5.5　嵌入水印和未受攻击时提取的水印结果

5.4.2　水印鲁棒性测试

　　JPEG 压缩攻击是水印算法必须抵御的几种常见攻击之一,因此对所提出的水印算法而言,进行 JPEG 压缩攻击的鲁棒性测试极为重要。在实验中,对含水印图像进行压缩因子为 10～100 的 JPEG 有损压缩攻击,可以看到,随着压缩因子越来越小,提取出的水印图像质量也随之降低。图 5.6 给出了受不同攻击后的实验结果。从图 5.6(a)中可以清楚地看到这一算法对 JPEG 压缩攻击有着非常好的稳健性,即使图像的压缩因子降低到20,水印图片的 NC 值仍然有效,这里 NC 值表示原始水印和抽取出的水印之间的相关度,一般情况下 NC 值大于等于 0.750,则肯定为有效水印,反之则相当程度上将是无效水印[130]。

　　图 5.6(b)是添加噪声后所得到的结果,NC 值很接近于 1,说明本章算法对添加椒盐噪声攻击也有非常好的鲁棒性。

　　滤波攻击是水印攻击中常用的攻击方法之一,本章分别采用基于空域的中值滤波和基于变换域的巴特沃斯低通滤波进行攻击,实验结果分别如图 5.6(c)和图 5.6(d)所示。由图 5.6(c)可以看出,当模板尺寸不超过 5×5 时,该水印技术具有较好的鲁棒性;由图 5.4(d)可以看出,当含水印图像经过截止频率为 50Hz,在不同模糊半径的巴特沃斯低

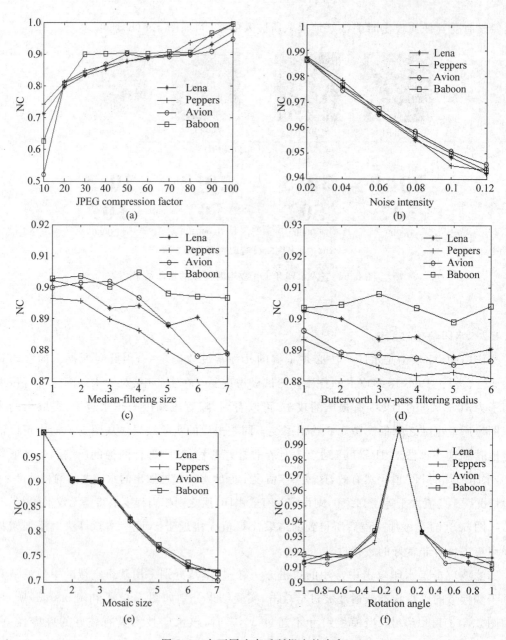

图 5.6   在不同攻击后所提出的水印

通滤波攻击后仍能提取所嵌入的水印。

图 5.6(e)是马赛克处理后所得到的结果,可以看出随着马赛克尺寸的增大,鲁棒性开始下降,当马赛克尺寸小于 5×5 时具有较好的鲁棒性。

如上所述的是常见的图像处理攻击。同时,本章还进行了诸如图像旋转、图像剪切的图像几何攻击,图 5.6(f)是 4 幅含水印图像受到不同角度旋转后所得出的数据结果,图 5.6(f)是含水印的 Lena 图像旋转 1°后所提取的水印,可以看出所提水印算法对小角度旋转具有一定的鲁棒性,但是对于大角度旋转效果欠佳。

为了说明所提取水印的视觉效果,本章以 Lena 图像为例,在其受到的每一类攻击中选取一种提取结果来说明水印的鲁棒性,如图 5.7 所示。

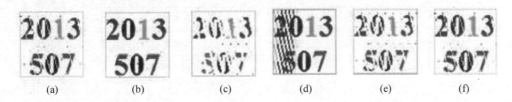

$\quad$(a)$\qquad$(b)$\qquad$(c)$\qquad$(d)$\qquad$(e)$\qquad$(f)

图 5.7　从常规图像处理后的 Lena 中提取水印

(a) JPEG 50 NC=0.898 54;(b) 椒盐噪声 0.02 NC=0.984 91;(c) 中值滤波 3×3 NC=0.904 53;

(d) 巴特沃斯低通滤波 NC=0.893 65;(e) Mosaic 拼贴 3×3 NC=0.894 73;(f) 旋转 1° NC=0.920 16

图 5.8 是含水印的 Lena 图像经过不同尺寸、不同位置剪切后所提取的水印,第一行

(a) 含水印图像受到的剪切

(b) 依次从图5.8(a)提取的水印

图 5.8　含水印的 Lena 图像受到的部分剪切攻击及提取的水印

是含水印图像被剪切的结果,第二行是从第一行相应位置的剪切图像中所提取的水印,可以发现本章算法在抵抗几何剪切具有很强的鲁棒性。

5.4.3　与有关彩色水印算法的比较

为了进一步验证本章算法的鲁棒性,用 Lena 作为宿主图像与文[131]中的算法(以下简称算法[131])进行比较,表 5.1 给出了 NC 比较结果。由表 5.1 可知,在多种攻击的情况下,本章所提算法具有有较好的鲁棒性,这也证实了本章算法的有效性。

表 5.1　本章算法与算法 [131] 在多种攻击下的 NC 比较

Attack	Parameter	[131]	Proposed
Salt & pepper noise	0.02	0.569 79	0.987 12
	0.04	0.335 02	0.976 22
	0.06	0.272 42	0.965 26
	0.08	0.236 36	0.955 49
	0.1	0.215 02	0.948 67
Contrast adjustment	+2	0.891 29	1.000 00
JPEG compression	40	0.725 71	0.853 16
	50	0.779 96	0.876 43
	60	0.839 23	0.890 41
	70	0.904 61	0.899 29
	80	0.952 54	0.898 63
	90	0.977 19	0.900 46
Median filtering	1×1	0.993 65	0.899 99
	2×2	0.791 98	0.901 44
	3×3	0.710 24	0.901 80
	4×4	0.545 96	0.896 58
	5×5	0.501 91	0.888 12

续表

Attack	Parameter	[131]	Proposed
Blurring	0.1	1.0000	1.000 00
	1	0.270 17	0.861 06
Sharpening	0.1	0.850 27	1.000 00
	0.2	0.780 75	0.961 06

5.5　本 章 小 结

本章以实现嵌入大容量的彩色图像水印为目的,提出一种新的基于整数小波变换和状态编码的彩色图像盲水印算法。嵌入水印时,对宿主图像的 R、G、B 三个分量进行一级整数提升小波变换,取其低频系数,结合水印信息和所提出的状态编码思想,修改低频系数嵌入水印,提高了水印的嵌入量;提取水印时,依据状态码规则可以直接提取水印无须原始图像和原始水印,实现了水印的盲提取。通过大量实验数据表明该算法能够将 $64 \times 64 \times 24$ 像素的彩色图像水印嵌入 $512 \times 512 \times 24$ 像素的彩色宿主图像中,所嵌入水印具有较好的水印不可见性,但是在因受攻击而使图像像素值发生变化时难以保证提取水印的准确性,表现的鲁棒性一般。在第 6 章中,将进一步研究如何提高双彩色图像水印的性能,在满足鲁棒性的前提下尽量提高水印的不可见性。

第6章 基于 SVD 分解的双彩色图像盲水印算法研究

为了有效提高彩色图像数字水印嵌入彩色宿主图像的不可见性,本章提出一种改进的基于补偿优化 SVD 的水印算法。首先,将 4×4 像素块进行 SVD 分解,并将其 U 分量第二行第一列元素与第三行第一列元素进行修改来嵌入水印;然后,利用改进的优化方法来补偿含水印的像素块,进一步提高了嵌入水印的不可见性。含水印图像受到攻击后,利用其 U 分量中被修改元素的关系来提取所嵌入的水印。该水印算法克服了虚警检测的错误,对于常规的图像处理也具有一定的鲁棒性。

6.1 引　　言

第 5 章提出了一种双彩色图像盲水印算法,该算法能够将大容量的彩色水印信息嵌入彩色图像中且具有很好的水印不可见性,不过这是以牺牲算法的鲁棒性为前提的,此算法非常适用于隐蔽性强、鲁棒性要求不太高的场合。很显然,在兼顾水印鲁棒性的前提下,如何保证较高的水印不可见性是一个值得关注的问题。

我们知道,在变换域算法中,可以将更多的信息嵌入宿主图像,同时对于很多常规图像处理具有较好的鲁棒性;但是,其计算复杂度要比空域算法大得多。在空域算法中,可以直接将水印信息嵌入宿主图像中;但是,空域水印算法对于常规的图像处理或攻击操作具有较差的鲁棒性。为了克服以上缺点,基于奇异值分解(Singular Value Decomposition,SVD)的水印方法越来越成为当前研究的热点之一。

奇异值分解作为一种在变换域中寻找水印嵌入位置的策略,由 Liu 等人[132]较早提出。随后,提出了很多改进方法,大致可以分为三个改进方向:①将一些加密方法或其他的水印嵌入方法与奇异值分解结合一起完成水印的嵌入过程,这种改进与原有嵌入方法比较接近[133,134],只是增加了算法的安全性;②将奇异值分解与其他变换域变换方法相结合,获得鲁棒性更好的奇异值[135-137]。相对于第一个方向而言,这种组合方式的算法执行时间较长,不利于算法的硬件实现;③由于最早提出的奇异值分解是在整个图像上进行的,从安全性或水印容量上来看都不能令人满意,于是提出了先对图像进行分块,然后在各个子块上进行奇异值分解的水印嵌入方法[138-141]。分块地奇异值分解很好地改善了原有嵌入方法的性能,逐渐成了现在利用奇异值分解解决水印问题的一个主要方向[142-148]。

　　通过对最近文献的研究发现,现有的大多数基于 SVD 的算法存在虚警检测的问题[149],发生该问题的具体原因是仅将水印信息 W 的奇异值嵌入宿主图像中去[150-153]。也就是说,当水印 W 的奇异值分解是 $W = U_w D_w V_w^T$,仅将其奇异值矩阵 D_w 嵌入宿主图像中,而原始水印的正交矩阵 U_w 和 V_w 没有被嵌入。在提取过程中,只有奇异值矩阵 D_w 被提取,而 U_w 和 V_w 则简单地由版权者拥有。但是 U_w 和 V_w 含有图像的大多数信息[154],攻击者可以提供一对假的正交矩阵 U_w 和 V_w 并声称他的水印也嵌在宿主图像中。为了克服该缺点,Chang 等人[155]提出了基于分块的水印算法。该算法首先将图像分为多个像素块,然后将水印嵌入每一个分块 U 矩阵的元素中,尽管该算法可以使被修改的像素数量由 N^2 减少到 $2N$,但是每一个像素的修改量比较大。因此,Fan 等人[156]进一步考虑当修改 U 矩阵(或 V 矩阵)的第一列元素来嵌入水印时,则利用 V 矩阵(或 U 矩阵)的元素来补偿视觉扭曲,该补偿方法应该说已经是减少了修改量,提高了水印的鲁棒性和不可见性,但是因为补偿操作的存在,一定程度上将使被修改的像素数增加到 N^2,这将造成本来没有必要修改的像素因补偿而发生了变化,这具体的原因将在 6.3 节给予详细的解释。

　　根据上述讨论,本章提出一种改进方案来进一步优化基于 SVD 的彩色水印嵌入彩色宿主图像的补偿方法。首先,将原始彩色图像分成 4×4 的非重叠像素块并进行 SVD 分解,并通过 U 矩阵修改第一列第二行和第一列第三行的元素来嵌入水印;然后,利用所提出的方案补偿 V 矩阵并补偿最终水印块以获得较高的水印不可见性。U 矩阵中已修改元素之间的关系能够较好地保留并用来提取所嵌入的水印而无须原始数据的帮助。而且,本章水印算法完全克服了基于 SVD 算法的虚警检测的问题,并通过所提出的基于优化补偿的 SVD 提高了水印的不可见性。

6.2 图像块的 SVD 分解及其补偿优化方法

6.2.1 图像块的 SVD 分解

从线性代数的角度来看,一幅数字图像可以看成是由一个许多非负标量项组成的矩阵。用 $I \in R^{N \times N}$ 来表示这样一个图像矩阵,其中 R 表示实数域,这样 I 就可以表示为

$$I = UDV^{T} = \begin{bmatrix} u_{1,1} & \cdots & u_{1,N} \\ u_{2,1} & \cdots & u_{2,N} \\ \vdots & \ddots & \vdots \\ u_{N,1} & \cdots & u_{N,N} \end{bmatrix} \begin{bmatrix} \lambda_1 & 0 & \cdots & 0 \\ 0 & \lambda_2 & & 0 \\ \vdots & \vdots & \ddots & 0 \\ 0 & 0 & & \lambda_N \end{bmatrix} \begin{bmatrix} v_{1,1} & \cdots & v_{1,N} \\ v_{2,1} & \cdots & v_{2,N} \\ \vdots & \ddots & \vdots \\ v_{N,1} & \cdots & v_{N,N} \end{bmatrix} \quad (6\text{-}1)$$

其中,$U \in R^{N \times N}$ 和 $V \in R^{N \times N}$ 都是正交矩阵;$D \in R^{N \times N}$ 是一个非对角线上的元素都是 0 的矩阵,其对角线上的元素满足:

$$\lambda_1 \geqslant \lambda_2 \geqslant \cdots \geqslant \lambda_r > \lambda_{r+1} = \cdots = \lambda_N = 0 \quad (6\text{-}2)$$

其中,r 是 I 的秩,它等于非零奇异值的个数;λ_i 称为 I 的奇异值,它是 II^{T} 特征值的平方根。分解式 UDV^{T} 称为 I 的奇异值分解。因为

$$II^{T} = UDV^{T}VD^{T}U^{T} = UDD^{T}U^{T} \quad I^{T}I = VD^{T}U^{T}UDV^{T} = VD^{T}DV^{T} \quad (6\text{-}3)$$

所以,U 的列向量是 II^{T} 的特征向量;V 的列向量是 $I^{T}I$ 的特征向量,并且它们所对应的特征值都是 I 的奇异值的平方。

因为研究的对象是用矩阵表示的数字图像,为了更清楚地表示奇异值分解的含义,将式(6-1)做一个详细的分解。

$$I = UDV^{T} = [U_1, U_2, \cdots, U_N] \begin{bmatrix} \lambda_1 & 0 & \cdots & 0 \\ 0 & \lambda_2 & \cdots & 0 \\ \vdots & \vdots & \ddots & 0 \\ 0 & 0 & \cdots & \lambda_N \end{bmatrix} [V_1, V_2, \cdots, V_N]^{T} \quad (6\text{-}4)$$

其中,$[U_1, U_2, \cdots, U_N]$ 和 $[V_1, V_2, \cdots, V_N]$ 分别表示其左右特征矢量。

按照式(6-4)可以得到 I 的谱分解式:

$$I = U_1 \lambda_1 V_1^{T} + U_2 \lambda_2 V_2^{T} + \cdots + U_N \lambda_N V_N^{T} = \lambda_1 U_1 V_1^{T} + \lambda_2 U_2 V_2^{T} + \cdots + \lambda_N U_N V_N^{T} \quad (6\text{-}5)$$

从式(6-5)可以看出,奇异值分解后,原有的图像 I 可以表示成 N 幅子图像 $\lambda_1 U_1 V_1^{\mathrm{T}}$,
$\lambda_2 U_2 V_2^{\mathrm{T}}, \cdots, \lambda_N U_N V_N^{\mathrm{T}}$ 的叠加和的形式。这些子图像就是原有图像的一层层的框架图像,
而矩阵的奇异值,可以看作是这些框架图像重构原有图像时的权重值。从这个分解可以
看出,U、V 矩阵存储了图像的几何信息,而奇异值存储了图像的亮度信息。

根据奇异值的定义和分解过程,可以看出奇异值具有以下性质[157]。

1. 奇异值分解的特征矢量具有代表性

从以上的分析中可以看出,原始图像与它的特征矢量具有对应关系,所以可以用图像
奇异值分解的特征矢量来描述一幅二维图像。当图像的灰度信息在一定范围内变化时,
特征矢量不会出现大的变化。所以特征矢量对图像噪声、图像光照条件不同等引起的图
像灰度变化不敏感,具有一定的稳定性。这样就减少了对图像预处理的要求,图像奇异值
分解的特征矢量对原图像也就具有稳定的代表性。

2. 奇异值分解的特征矢量具有转置不变性

从奇异值分解的定义和公式很容易看出,如果对图像进行转置运算,图像奇异值分解
的特征矢量不会发生改变。

3. 奇异值分解的特征矢量具有旋转不变性

对图像做旋转运算,奇异值特征矢量不发生改变。

4. 奇异值分解的特征矢量具有位移不变性

图像的移动,即对原始图像矩阵做行或列的置换运算,奇异值分解的特征矢量不发生
改变。

5. 前几个奇异值存储了主要信息

在图像分解得到的奇异值序列中,前几个奇异值与其他的奇异值相比要大得多。这
样就可以在忽略其他奇异值的情况下,也能恢复出图像。

假设一个 4×4 的矩阵 A 是宿主图像的块矩阵,则其 SVD 分解可以由式(6-6)表示。

$$A = \begin{bmatrix} A_1 & A_2 & A_3 & A_4 \\ A_5 & A_6 & A_7 & A_8 \\ A_9 & A_{10} & A_{11} & A_{12} \\ A_{13} & A_{14} & A_{15} & A_{16} \end{bmatrix} = UDV^{\mathrm{T}}$$

$$= [U_1, U_2, U_3, U_4] \begin{bmatrix} \lambda_1 & 0 & 0 & 0 \\ 0 & \lambda_2 & 0 & 0 \\ 0 & 0 & \lambda_3 & 0 \\ 0 & 0 & 0 & \lambda_4 \end{bmatrix} [V_1, V_2, V_3, V_4]^{\mathrm{T}}$$

$$= \begin{bmatrix} u_1 & u_2 & u_3 & u_4 \\ u_5 & u_6 & u_7 & u_8 \\ u_9 & u_{10} & u_{11} & u_{12} \\ u_{13} & u_{14} & u_{15} & u_{16} \end{bmatrix} \begin{bmatrix} \lambda_1 & 0 & 0 & 0 \\ 0 & \lambda_2 & 0 & 0 \\ 0 & 0 & \lambda_3 & 0 \\ 0 & 0 & 0 & \lambda_4 \end{bmatrix} \begin{bmatrix} v_1 & v_2 & v_3 & v_4 \\ v_5 & v_6 & v_7 & v_8 \\ v_9 & v_{10} & v_{11} & v_{12} \\ v_{13} & v_{14} & v_{15} & v_{16} \end{bmatrix}^{\mathrm{T}} \tag{6-6}$$

对于 $\boldsymbol{U}$、$\boldsymbol{D}$、$\boldsymbol{V}^{\mathrm{T}}$ 进行矩阵乘法,则每一个像素可以计算为

$$A_1 = u_1 \lambda_1 v_1 + u_2 \lambda_2 v_2 + u_3 \lambda_3 v_3 + u_4 \lambda_4 v_4 \tag{6-7}$$

$$A_2 = u_1 \lambda_1 v_5 + u_2 \lambda_2 v_6 + u_3 \lambda_3 v_7 + u_4 \lambda_4 v_8 \tag{6-8}$$

$$A_3 = u_1 \lambda_1 v_9 + u_2 \lambda_2 v_{10} + u_3 \lambda_3 v_{11} + u_4 \lambda_4 v_{12} \tag{6-9}$$

$$A_4 = u_1 \lambda_1 v_{13} + u_2 \lambda_2 v_{14} + u_3 \lambda_3 v_{15} + u_4 \lambda_4 v_{16} \tag{6-10}$$

$$A_5 = u_5 \lambda_1 v_1 + u_6 \lambda_2 v_2 + u_7 \lambda_3 v_3 + u_8 \lambda_4 v_4 \tag{6-11}$$

$$A_6 = u_5 \lambda_1 v_5 + u_6 \lambda_2 v_6 + u_7 \lambda_3 v_7 + u_8 \lambda_4 v_8 \tag{6-12}$$

$$A_7 = u_5 \lambda_1 v_9 + u_6 \lambda_2 v_{10} + u_7 \lambda_3 v_{11} + u_8 \lambda_4 v_{12} \tag{6-13}$$

$$A_8 = u_5 \lambda_1 v_{13} + u_6 \lambda_2 v_{14} + u_7 \lambda_3 v_{15} + u_8 \lambda_4 v_{16} \tag{6-14}$$

$$A_9 = u_9 \lambda_1 v_1 + u_{10} \lambda_2 v_2 + u_{11} \lambda_3 v_3 + u_{12} \lambda_4 v_4 \tag{6-15}$$

$$A_{10} = u_9 \lambda_1 v_5 + u_{10} \lambda_2 v_6 + u_{11} \lambda_3 v_7 + u_{12} \lambda_4 v_8 \tag{6-16}$$

$$A_{11} = u_9 \lambda_1 v_9 + u_{10} \lambda_2 v_{10} + u_{11} \lambda_3 v_{11} + u_{12} \lambda_4 v_{12} \tag{6-17}$$

$$A_{12} = u_9 \lambda_1 v_{13} + u_{10} \lambda_2 v_{14} + u_{11} \lambda_3 v_{15} + u_{12} \lambda_4 v_{16} \tag{6-18}$$

$$A_{13} = u_{13} \lambda_1 v_1 + u_{14} \lambda_2 v_2 + u_{15} \lambda_3 c_3 + a_{16} \lambda_4 c_4 \tag{6-19}$$

$$A_{14} = u_{13} \lambda_1 v_5 + u_{14} \lambda_2 v_6 + u_{15} \lambda_3 v_7 + u_{16} \lambda_4 v_8 \tag{6-20}$$

$$A_{15} = u_{13} \lambda_1 v_9 + u_{14} \lambda_2 v_{10} + u_{15} \lambda_3 v_{11} + u_{16} \lambda_4 v_{12} \tag{6-21}$$

$$A_{16} = u_{13} \lambda_1 v_{13} + u_{14} \lambda_2 v_{14} + u_{15} \lambda_3 v_{15} + u_{16} \lambda_4 v_{16} \tag{6-22}$$

由上面的计算结果可以看出,对任何一个特征值 λ_i 的修改将引起所有 A_i 的变化,当

有多个特征根同时被修改时,这种变化将引起像素值更大改变,直接影响水印的不可见性。

在文献[131]中提出用修改特征根的方法来嵌入水印。例如,假设一 16×16 像素块的特征值 $\lambda_1 \sim \lambda_{16}$ 依次为 3165.613、457.5041、31.541 69、9.853 829 97、5.796 001、4.991 171、3.688 464、2.544 742、2.064 232、1.691 997、1.130 058、1.074 023、0.819 865、0.448 544、0.378 97、0.101 045;根据文献[131]中的算法,当嵌入水印信息为 0 时,特征根将修改为 3165.613、457.5041、31.541 69、9.853 829 97、0、0、0、0、0、0、0、0、0、0、0、0,由此可以看出 12 个特征根发生改变,对宿主图像所有像素大幅度的修改,将使含水印图像的质量受到较大影响,因此,该方法的缺点是显而易见的。

研究发现,SVD 分解后的 U 矩阵具有以下特征:其第一列所有元素具有相同的符号并且它们的值非常接近。例如,从一数字图像中获得一 4×4 像素块矩阵 A(数字图像像素具有非负性且相邻元素具有很高的相似性),如式(6-23)所示。

$$A = \begin{bmatrix} 201 & 201 & 199 & 198 \\ 202 & 202 & 199 & 199 \\ 203 & 203 & 201 & 201 \\ 203 & 204 & 202 & 202 \end{bmatrix} \tag{6-23}$$

对矩阵 A 进行 SVD 分解,得其正交矩阵 U:

$$U = \begin{bmatrix} -0.496\,27 & -0.325\,83 & 0.801\,28 & 0.074\,26 \\ -0.498\,13 & -0.571\,09 & -0.570\,14 & 0.317\,27 \\ -0.501\,85 & 0.147\,42 & -0.173\,55 & -0.834\,44 \\ -0.503\,71 & 0.738\,90 & -0.052\,70 & 0.444\,45 \end{bmatrix} \tag{6-24}$$

由矩阵 U 可以看出,其第一列元素 u_1、u_5、u_9、u_{13} 具有相同的数值符号,并且它们之间的差别也很少。假设一个矩阵是由每一个 U 矩阵中第一列的元素 u_m 组成,而另一个矩阵是由每一个 U 矩阵中第一列的另一个元素 u_n 组成,此处 $m \neq n$,u_m、u_n 之间的相似性用归一化互相关函数 NC 计算。表 6.1 给出了运用多幅标准图像做实验所得出的结果,可以看出,$NC(u_5, u_9)$ 的平均值是 0.9886,说明对于标准图像而言,其 4×4 矩阵的第一列元素 u_5 和 u_9 是最相似的元素。这个特点可以在 6.3 节用来嵌入数字水印。

表 6.1　SVD 分解所获得 U 矩阵的第一列元素之间的相似度（NC）

Image	NC(u_1,u_5)	NC(u_1,u_9)	NC(u_1,u_{13})	NC(u_5,u_9)	NC(u_5,u_{13})	NC(u_9,u_{13})
Lena	0.9934	0.9886	0.9871	0.9969	0.9901	0.9940
House	0.9966	0.9942	0.9935	0.9990	0.9949	0.9969
Peppers	0.9673	0.9482	0.9444	0.9871	0.9554	0.9692
Avion	0.9921	0.9873	0.9815	0.9972	0.9884	0.9940
Baboon	0.9709	0.9589	0.9525	0.9796	0.9579	0.9716
Bear	0.9153	0.8848	0.8839	0.9564	0.9069	0.9341
Kid	0.9942	0.9896	0.9823	0.9962	0.9852	0.9919
Sailboat	0.9879	0.9798	0.9779	0.9967	0.9796	0.9876
Barbara	0.9882	0.9785	0.9728	0.9947	0.9814	0.9913
Couple	0.9323	0.9006	0.8907	0.9818	0.9219	0.9538
Average	0.9738	0.9610	0.9567	0.9886	0.9662	0.9784

6.2.2　所提出的 SVD 补偿优化方法

从式（6-11）～式（6-18）可以看出，对于 u_5 和 u_9 的修改将改变 $A_i(i=5,6,\cdots,12)$ 的值，将降低嵌入水印的视觉效果[158]。因此，文献[156]提出了一种补偿方法，即当在 U 矩阵（V 矩阵）中嵌入水印时可以通过 V 矩阵（U 矩阵）来补偿视觉上的扭曲，该方法在一定程度上是有效的。通过研究发现，该补偿方法可以进一步优化，以减少视觉扭曲，提高水印的不可见性。通过下面的例子可以解释其中的缘由。

首先，为了嵌入水印而修改 u_5、u_9 已经使 $A_i(i=5,6,\cdots,12)$ 位置上的像素发生了改变，可是文献[156]所提出的补偿方法使其他位置上的像素发生改变，因此，所嵌入水印的不可见性将进一步降低。在图 6.1 中，定义原始矩阵为 $\boldsymbol{A}$，修改 u_5、u_9 后的矩阵为 $\boldsymbol{A}^*$，补偿后的矩阵为 $\boldsymbol{A}^{**}$，优化后的最终矩阵定义为 $\boldsymbol{A}^{***}$。由图 6.1 中 Matrix 1 的两种状态矩阵 $\boldsymbol{A}$ 和 $\boldsymbol{A}^{***}$ 可以看出，当嵌入水印信息为 0 时，其元素 A_8 和 A_{12} 的值分别由 0 变为 3，由 8 变为 4，这是我们所希望的。然而，根据文献[156]的补偿方法，其元素 A_{16} 的值也将由

23 变为 21,这样将进一步有损含水印图像的整体视觉效果,这是我们不希望发生的。

	Matrix 1		Matrix 2	
	Fan et al. [156]	proposed	Fan et al. [156]	proposed
A ↓	$\begin{bmatrix} 0&0&0&1 \\ 0&0&0&\underline{0} \\ 0&0&1&\underline{8} \\ 0&0&3&\underline{23} \end{bmatrix}$	$\begin{bmatrix} 0&0&0&1 \\ 0&0&0&0 \\ 0&0&1&8 \\ 0&0&3&23 \end{bmatrix}$	$\begin{bmatrix} 112&91&186&198 \\ \underline{108}&62&147&217 \\ 111&64&135&194 \\ 118&119&92&174 \end{bmatrix}$	$\begin{bmatrix} 112&91&186&198 \\ 108&62&147&217 \\ 111&64&135&194 \\ 118&119&92&174 \end{bmatrix}$
A^* ↓	$\begin{bmatrix} 0&0&0&1 \\ 0&0&0&\underline{4} \\ 0&0&1&\underline{4} \\ 0&0&3&\underline{23} \end{bmatrix}$	$\begin{bmatrix} 0&0&0&1 \\ 0&0&0&4 \\ 0&0&1&4 \\ 0&0&3&23 \end{bmatrix}$	$\begin{bmatrix} 112&91&186&198 \\ \underline{99}&56&136&202 \\ 120&70&146&209 \\ 118&119&92&174 \end{bmatrix}$	$\begin{bmatrix} 112&91&186&198 \\ 99&56&136&202 \\ 120&70&146&209 \\ 118&119&92&174 \end{bmatrix}$
A^{**} ↓	$\begin{bmatrix} 0&0&0&1 \\ 0&0&0&\underline{3} \\ 0&0&0&\underline{4} \\ 0&0&3&\underline{21} \end{bmatrix}$	$\begin{bmatrix} 0&0&0&1 \\ 0&0&0&3 \\ 0&0&0&4 \\ 0&0&3&21 \end{bmatrix}$	$\begin{bmatrix} 112&91&186&199 \\ \underline{100}&56&137&203 \\ 120&71&146&210 \\ 118&119&92&175 \end{bmatrix}$	$\begin{bmatrix} 112&91&186&199 \\ 100&56&137&203 \\ 120&71&146&210 \\ 118&119&92&175 \end{bmatrix}$
A^{***}	$\begin{bmatrix} 0&0&0&1 \\ 0&0&0&\underline{3} \\ 0&0&0&\underline{4} \\ 0&0&3&\underline{21} \end{bmatrix}$	$\begin{bmatrix} 0&0&0&1 \\ 0&0&0&3 \\ 0&0&0&4 \\ 0&0&3&\underline{23} \end{bmatrix}$	$\begin{bmatrix} 112&91&186&198 \\ \underline{99}&56&136&202 \\ 120&70&146&209 \\ 118&119&92&174 \end{bmatrix}$	$\begin{bmatrix} 112&91&186&198 \\ \underline{100}&56&137&203 \\ 120&70&146&209 \\ 118&119&92&174 \end{bmatrix}$
CM	30	26	926	859

图 6.1　对于不同矩阵使用不同方法的比较结果

其次,矩阵元素 $A_i(i=5,6,\cdots,12)$ 的变化量应该被优化成最少值,这样可以提高嵌入水印的不可见性。本章可以通过图 6.1 矩阵 Matrix 2 中的 A_2 的变化来解释说明,利用文献[156]的补偿之后其值由 99 变为 100,但是这个补偿值没有被用在最终的矩阵 A^{***}。很显然这是文献[156]另一个不足之处,因此,有必要对文献[156]的方法进行改进优化。

对 V 矩阵具体的初始补偿方法可以参阅文献[156],为了优化补偿结果,本章用下文的式(6-25)来进一步优化文献[156]中的补偿方法,并获得最终含水印的图像矩阵 A^{***}。

$$A_i^{***} = \begin{cases} A_i + \arg\min(|A_i^* - A_i|, |A_i^{**} - A_i|) & \text{if } 5 \leqslant i \leqslant 12 \\ A_i & \text{otherwise} \end{cases} \tag{6-25}$$

图 6.1 也给出了利用不同方法嵌入水印 0 时,Matrix 1 和 Matrix 2 的三种不同状态

A^*、A^{**} 和 A^{***},并且用式(6-26)所定义的能量改变幅度(CM)来进行算法比较。

$$CM = \sum_{i=1}^{16} (A_i^{***} - A_i)^2 \qquad (6-26)$$

该能量改变幅度 CM 越少,嵌入水印具有的水印不可见性越好。由图 6.1 可以看出,本章提出的优化补偿将获得的 CM 比文献[156]的要少,因此该方法要优于文献[156]的算法。

6.3 基于 SVD 分解及其补偿优化的彩色图像水印算法

在本节,将利用 6.2 节中所提到的 U 矩阵系数特点来嵌入彩色图像数字水印并利用所提出的补偿方法来优化所嵌入的数字水印。

6.3.1 水印嵌入

彩色图像数字水印嵌入的过程如图 6.2 所示,其具体步骤描述如下。

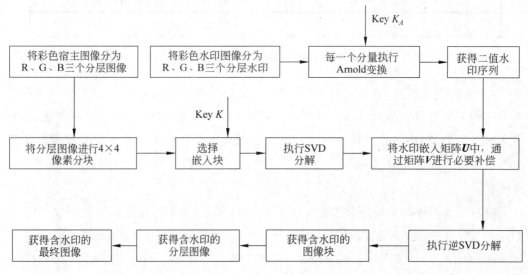

图 6.2 水印嵌入的框图

1. 彩色图像数字水印的预处理

首先,通过降维处理将三维彩色图像水印 W 分成 R、G、B 三个分层水印,以形成二维水印图像 $W_i(i=1,2,3)$ 分别表示 R、G、B 三色。为了提高水印的安全性和鲁棒性,每一分层水印进行基于 $KA_i(i=1,2,3)$ 的 Arnold 变换并将每一个十进制像素转换成 8 位二值水印序列[159]。

2. 宿主图像的块处理

原始宿主图像 H 也分成 $H_i(i=1,2,3)$ 三个分层图像并分别代表 R、G、B 三色,同时,每一个分层图像被进行 4×4 的非重叠分块。

3. 选择嵌入块

利用基于密钥 $K_i(i=1,2,3)$ 的伪随机序列在分层图像 H_i 中选择嵌入块嵌入水印分量 W_i。

4. SVD 变换

根据式(6-6)将选中的嵌入块进行 SVD 变换,以获得其 U 矩阵。

5. 嵌入水印

通过修改 U 矩阵第一列第二行元素 u_5 和第一列第三行元素 u_9 的关系来嵌入水印信息。如果嵌入的二进制信息是 1,$u_5 \sim u_9$ 的值应该是负的并且它的差值超过一定的阈值 T。如果嵌入的二进制信息是 0,$u_5 \sim u_9$ 的值应该是正的并且它的差值也应超过一定的阈值 T。当不符合上述条件时,u_5 和 u_9 应当根据式(6-27)和式(6-28)所述的嵌入规则修改为 u_5^* 和 u_9^*。

$$\text{if} \quad w=1 \quad \text{and} \quad |u_5-u_9|<T, \quad \begin{cases} u_5^* = \text{sign}(u_5) \times (U_{\text{avg}} + T/2) \\ u_9^* = \text{sign}(u_9) \times (U_{\text{avg}} - T/2) \end{cases} \tag{6-27}$$

$$\text{if} \quad w=0 \quad \text{and} \quad |u_5-u_9|<T, \quad \begin{cases} u_5^* = \text{sign}(u_5) \times (U_{\text{avg}} - T/2) \\ u_9^* = \text{sign}(u_9) \times (U_{\text{avg}} + T/2) \end{cases} \tag{6-28}$$

其中,w 表示要嵌入的二进制水印信息;$|x|$ 表示 x 的绝对值;$\text{sign}(x)$ 表示 x 的数值符号并且 $U_{\text{avg}} = (|u_5| + |u_9|)/2$。

6. 执行所提出的补偿优化方法

通过执行上节所阐述的补偿优化方法对嵌入水印后的像素块进行补偿与优化。

7. 逆 SVD 变换

利用式(6-29)对修改、补偿后的矩阵 $\boldsymbol{U}^*$ 和 $\boldsymbol{V}^*$ 进行逆 SVD 变换得到含水印的像素块 $\boldsymbol{I}^*$。

$$\boldsymbol{I}^* = \boldsymbol{U}^* \boldsymbol{D} \boldsymbol{V}^{*\mathrm{I}} \tag{6-29}$$

8. 重复操作

重复执行步骤 4~步骤 7,直到所有的水印信息都嵌入选择的像素块为止。最后,含水印的分层图像 R、G、B 重新组合获得含水印的图像 $\boldsymbol{H}^*$。

6.3.2 水印提取

水印提取过程如图 6.3 所示,其具体步骤详述如下。

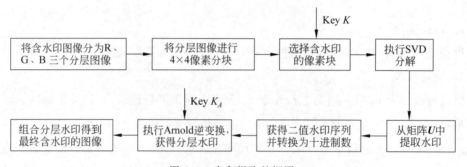

图 6.3 水印提取的框图

1. 含水印图像的预处理

将含水印图像 $\boldsymbol{H}^*$ 分成 R、G、B 三个分层图像,并将每一分层图像进一步分成 4×4 的像素块。

2. 选取含水印的图像块

利用基于密钥 $K_i(i=1,2,3)$ 的伪随机序列在分层图像 H_i^* 中选择嵌入块以便提取所嵌入的数字水印分量 W_i^*。

3. SVD 变换

对含水印的图像块执行 SVD 变换获得其正交矩阵 $\boldsymbol{U}^*$。

4. 提取水印

依据式(6-30)，利用矩阵 $\boldsymbol{U}^*$ 的第一列元素 u_5^* 与 u_9^* 的关系来提取水印。

$$w^* = \begin{cases} 0 & \text{if} \quad u_5^* > u_9^* \\ 1 & \text{if} \quad u_5^* \leqslant u_9^* \end{cases} \tag{6-30}$$

5. 重复

重复执行上述步骤 2～步骤 4，直到所有含水印的像素块都被处理。将所提出的水印信息每 8 位为一组并转换为十进制数值。

6. 重组

利用基于密钥 $KA_i (i=1,2,3)$ 的逆 Arnold 变换将每一个分层水印进行变换，并将它们重新组合形成最终提取的水印 W^*。

需要注意的是，该算法在水印提取过程中不需要原始水印图像和原始宿主图像的帮助，属于一种盲提取水印技术。

6.4　算法测试与结果分析

在接下来的实验中，如图 6.4(a)和图 6.4(b)所示的两幅大小为 512×512 像素的 24 位真彩色图像（Baboon、Avion）作为原始宿主图像。另外，图 6.4(c)所示的一幅大小为 32×32 像素的 24 位真彩色图像作为原始数字水印。

(a) Boboon　　　　　(b) Avion　　　　(c) Peugeot标志

图 6.4　原始宿主图像

本章使用结构相似度(SSIM)来评价原始彩色宿主图像 I 和含水印彩色图像 I^* 之间的相似度，即对水印不可见性作以评价；同时，采用归一化相关值(NC)作为衡量提取水印 W^* 与原始水印 W 的一种客观衡量标准，即可评价水印的鲁棒性。

6.4.1　水印不可见性测试

　　为了评估水印的不可见性,将图 6.4(c)所示的彩色图像数字水印嵌入到图 6.4(a)、图 6.4(b)所示的宿主图像中,并与文献[156]中的算法(以下简称算法[156])进行不同阈值下的 SSIM 比较。图 6.5 列出了各自的 SSIM 值,结果表明在不同阈值作用下所提出的补偿优化算法具有较好的水印不可见性,达到了预期目的。

Image	Method	T=0.012	T=0.02	T=0.03	T=0.04
Baboon	Fan et al. [156]	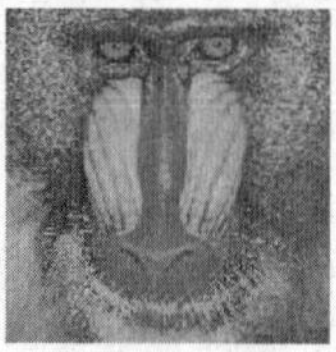 0.987 66	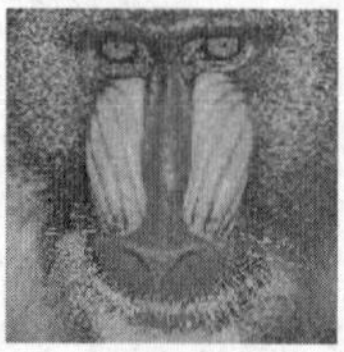 0.985 13	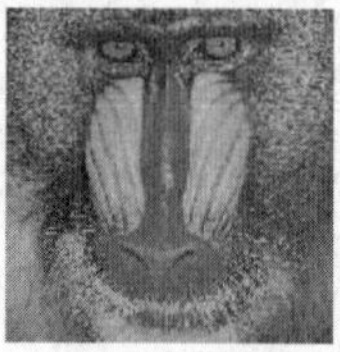 0.981 09	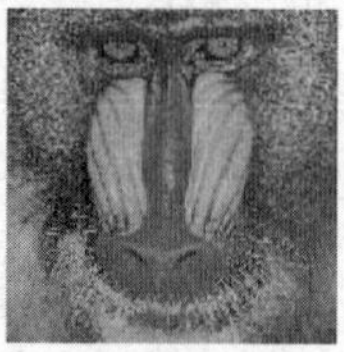 0.976 31
	Proposed	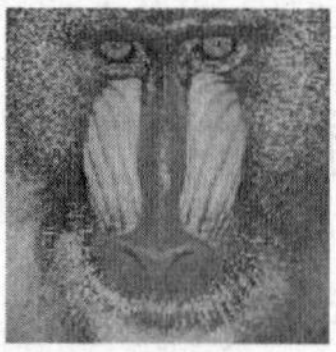 0.987 88	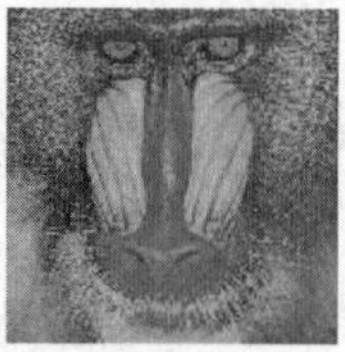 0.985 34	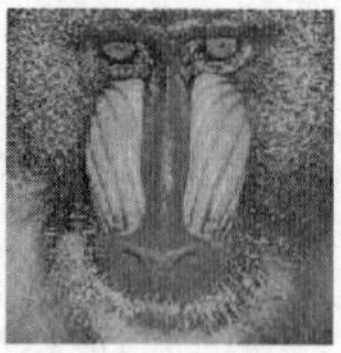 0.981 30	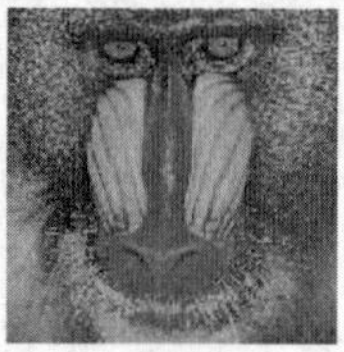 0.976 46
Avion	Fan et al. [156]	 0.991 08	 0.978 34	 0.956 55	 0.932 31
	Proposed	 0.991 13	 0.979 28	 0.958 38	 0.933 04

图 6.5　利用不同方法获得的含水印图像及其 SSIM 值

　　另外,图 6.6 给出了在没有受攻击时所提取水印及其具有的 NC 值,由图中结果可以看出随着阈值 T 的增加,所提取的水印具有很高的相似性,因此,选取 $T=0.04$ 作为下面实验的最佳选择。

Image	Method	T=0.012	T=0.02	T=0.03	T=0.04
Baboon	Fan et al. [156]	 0.999 75	 0.999 93	 0.999 93	 0.999 93
	Proposed	 0.999 01	 1.000 00	 1.000 00	 1.000 00
Avion	Fan et al. [156]	 0.999 57	 0.999 97	 1.000 00	 1.000 00
	Proposed	 0.999 39	 0.999 38	 1.000 00	 1.000 00

图 6.6　利用不同方法从未受任何攻击的图像中提出的水印及其 NC 值

　　在下面的实验中,对含水印的图像分别进行不同攻击,诸如 JPEG 压缩、加噪、滤波、锐化、缩放、模糊、旋转、剪切等,并与文献[156]和文献[131]中的算法进行鲁棒性比较。

6.4.2 水印鲁棒性测试

JPEG 压缩是当前较为常用的压缩格式,JPEG 压缩攻击也是一种有效的验证水印算法性能的攻击方法。在这个实验里,将含水印图像用 10～100 增量为 10 的压缩因子进行不同压缩,然后从压缩后的图像中提取所嵌入的水印信息。压缩因子越大压缩后获得的图像质量越高,越便于提取所嵌入的水印。图 6.7 给出了压缩因子是 30 和 90 时的实验结果。与其他算法相比,本章所提算法对于 JPEG 压缩具有较好的鲁棒性。

Attack	Image	Fan et al. [156]	Golea et al. [131]	Proposed
JPEG(30)	Baboon	 0.792 80	 0.653 11	 0.810 49
	Avion	 0.839 75	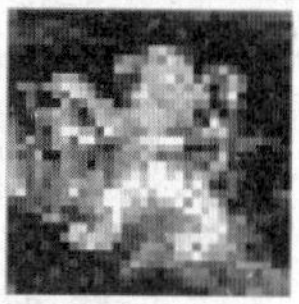 0.820 43	 0.849 41
JPEG(90)	Baboon	 0.995 87	 0.924 92	 0.996 11
	Avion	 0.997 32	 0.975 95	 0.998 86

图 6.7 JPEG 压缩攻击后利用不同方法所提取的水印及其 NC 值

　　用噪声强度分别为 2％和 10％椒盐噪声来攻击含水印的图像,图 6.8 给出了提取水印的 NC 值及其视觉效果。另外,还利用均值为 0,方差分别为 0.1 和 0.3 的高斯噪声来攻击含水印的图像,图 6.9 给出了高斯噪声攻击后所提取的水印及其 NC值。由图 6.8 及图 6.9 可以看出,所提出的水印算法与其他算法相比对噪声攻击具有较好的鲁棒性,其中,算法[131]的鲁棒性比较弱一些,这是因为噪声攻击对于图像像素值的影响较大并且直接影响其奇异值,对依赖于奇异值来提取的水印信息影响比较明显。

Attack	Image	Fan et al. [156]	Golea et al. [131]	Proposed
Salt & Peppers noise (2%)	Baboon	 0.948 02	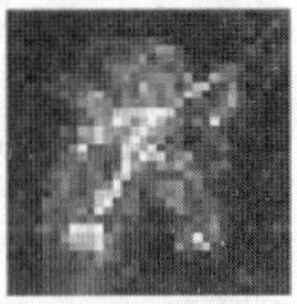 0.569 79	 0.953 66
	Avion	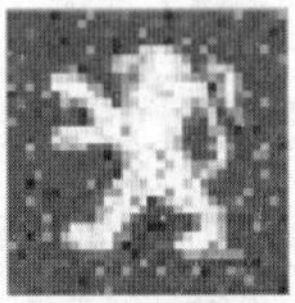 0.955 72	 0.527 59	 0.979 10
Salt & Peppers noise (10%)	Baboon	 0.890 04	0.272 42	 0.890 27
	Avion	 0.906 16	0.210 75	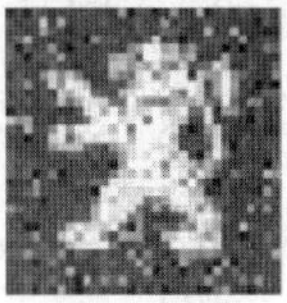 0.925 99

图 6.8　椒盐噪声攻击后利用不同方法所提取的水印及其 NC 值

Attack	Image	Fan et al. [156]	Golea et al. [131]	Proposed
Gaussian noise (0.1)	Baboon	 0.963 23	 0.860 01	 0.967 26
	Avion	 0.982 70	 0.818 77	 0.986 71
Gaussian noise (0.3)	Baboon	 0.846 44	 0.746 94	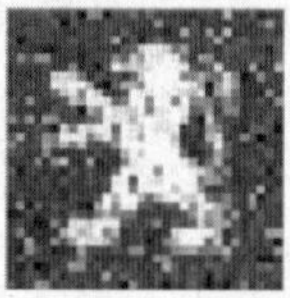 0.848 28
	Avion	 0.510 26	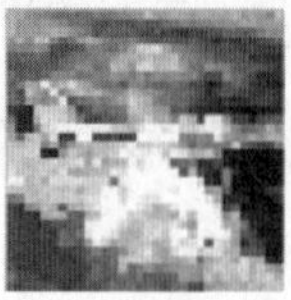 0.651 14	 0.556 91

图 6.9　高斯噪声攻击后利用不同方法所提取的水印及其 NC 值

　　图 6.10 给出了中值滤波攻击的结果。由图 6.10 可以看出,尽管表中所列算法对于中值滤波都表现出较低的鲁棒性,但是所提算法相对而言要好一些。表中所列算法对于中值滤波所体现出较弱的鲁棒性,主要是由于算法基于图像分块且分块尺寸与滤波尺寸不一致造成。

　　另外,实验中利用截止频率为 100,滤波器阶数分别为 1 和 3 的巴特沃斯低通滤波对含水印图像进行攻击,图 6.11 给出了所提出水印的 NC 值及其视觉效果。可以看出,所提算法提取的水印具有较好的鲁棒性。随着滤波器阶数增高,在阻频带振幅衰减速度加快,对于含水印图像的影响较大,提取水印愈加困难。

Attack	Image	Fan et al. [156]	Golea et al. [131]	Proposed
Median Filter (2×2)	Baboon	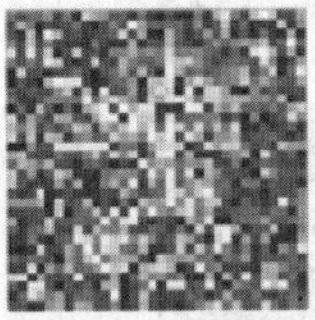 0.693 10	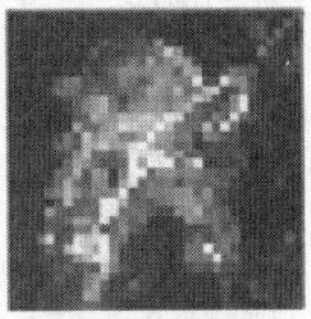 0.651 92	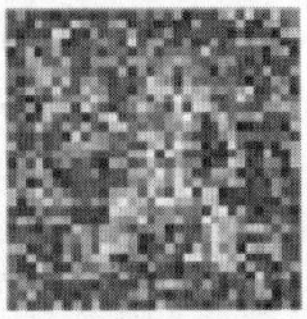 0.722 89
	Avion	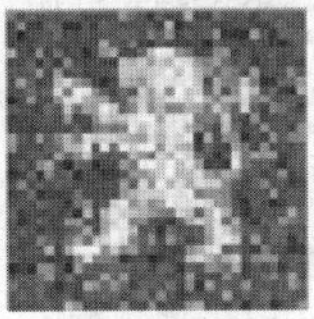 0.877 58	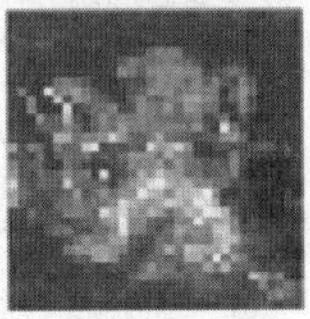 0.671 50	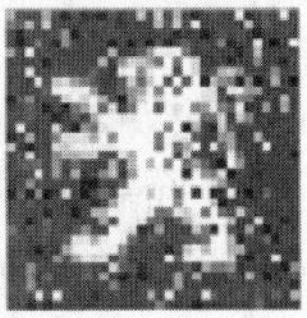 0.884 33
Median Filter (3×3)	Baboon	 0.538 41	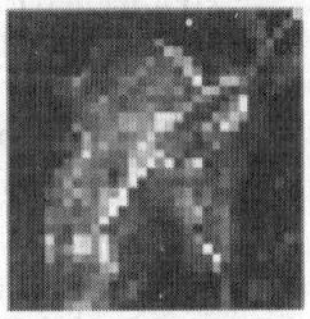 0.507 44	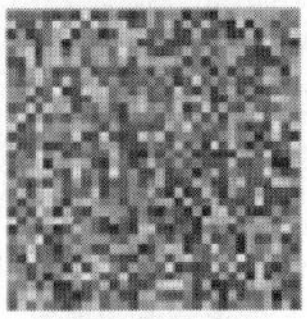 0.546 19
	Avion	 0.504 38	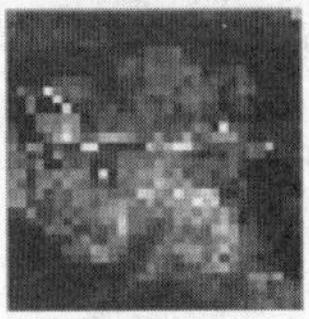 0.534 05	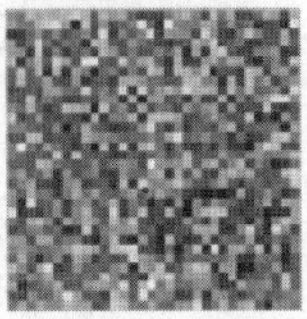 0.543 99

图 6.10　中值滤波攻击后利用不同方法所提取的水印及其 NC 值

Attack	Image	Fan et al. [156]	Golea et al. [131]	Proposed
Low-pass Filter (100,1)	Baboon	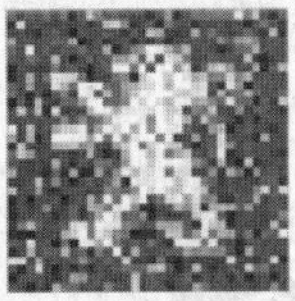 0.864 49	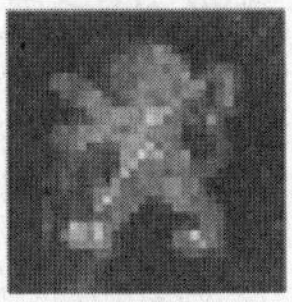 0.547 66	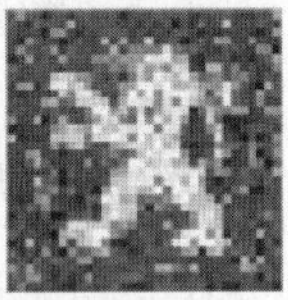 0.899 87

图 6.11　低通滤波攻击后利用不同方法所提取的水印及其 NC 值

攻击	图像	Fan et al.	Golea et al.	Proposed
Low-pass Filter (100,1)	Avion	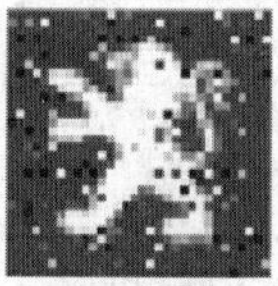 0.926 82	 0.585 53	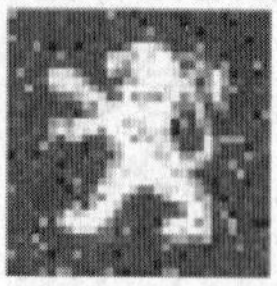 0.958 79
Low-pass Filter (100,3)	Baboon	 0.672 36	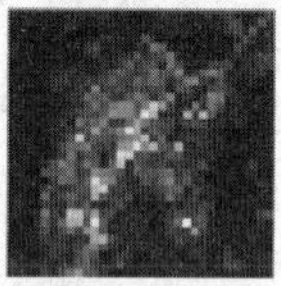 0.381 75	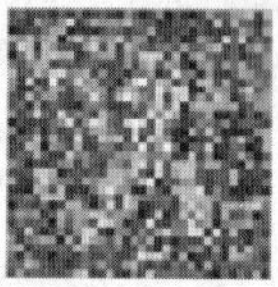 0.689 58
	Avion	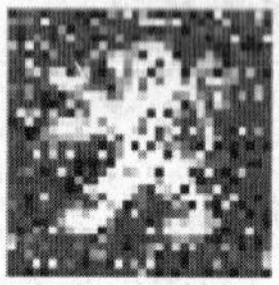 0.839 46	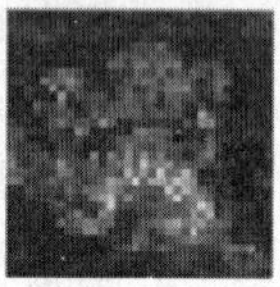 0.465 00	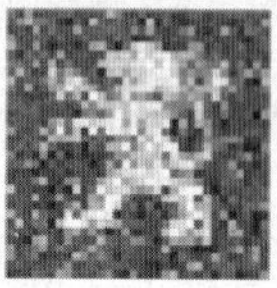 0.855 99

图 6.11 （续）

图 6.12 给出了锐化攻击的结果。在图像锐化过程中,通常采用模板运算实现,经过拉普拉斯模板锐化后,图像中那些值与相邻像素差别大的像素变得更加突出,本章采用 Photoshop 中 USM 锐化,其锐化半径分别为 0.2 和 1.0。可以看出,除了 Golea 算法外,其他算法都具有很强的鲁棒性。

Attack	Image	Fan et al. [156]	Golea et al. [131]	Proposed
Sharpening (0.2)	Baboon	 0.999 93	 0.848 06	 0.999 94
	Avion	 1.000 00	 0.850 27	 1.000 00

图 6.12　锐化滤波攻击后利用不同方法所提取的水印及其 NC 值

Sharpening (1.0)	Baboon	 0.999 04	 0.780 75	 0.999 16
	Avion	 0.997 94	 0.625 58	 0.999 82

图 6.12　（续）

实验中,对含水印图像进行两种不同的缩放操作,即放大 400％和缩小 50％。图 6.13

Attack	Image	Fan et al. [156]	Golea et al. [131]	Proposed
Scaling (400%)	Baboon	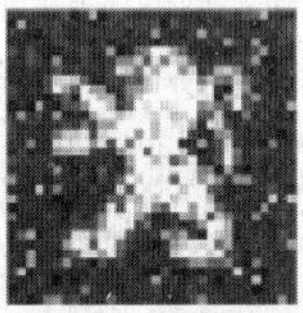 0.936 96	 0.838 52	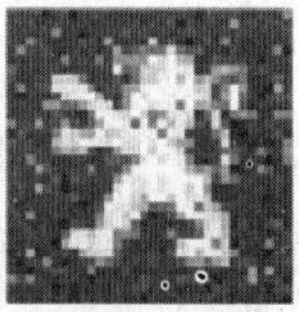 0.943 19
	Avion	 0.968 68	 0.868 85	 0.981 37
Scaling (25%)	Baboon	 0.687 16	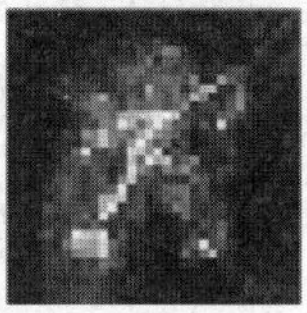 0.569 79	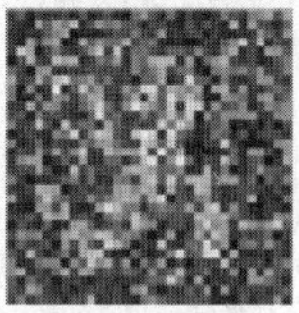 0.717 41

图 6.13　缩放攻击后利用不同方法所提取的水印及其 NC 值

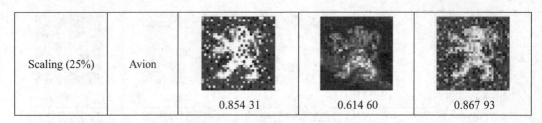

| Scaling (25%) | Avion | 0.854 31 | 0.614 60 | 0.867 93 |

图 6.13 （续）

展示了其实验结果。表中所列的算法对于放大时的攻击具有很好的鲁棒性,而对缩小时的鲁棒性普遍较差,这是由于当图像遭受放大攻击时,图像中的行(列)会均匀地增加,差分特征点中的横(列)也可能会相应地增加。这种差分特征点能够保证在图像放大时,能够保证有且只仅一个基点,能够较好地保证水印的提取,使水印算法具有较强的鲁棒性。当图像遭受缩小攻击时,图像缩小会使图像的行(列)有规律地丢失,同时差分特征点中的行(列)也可能会丢失,当缩小比例小于 0.5,不一定能够检测出差分特征点中的基点,使得提取水印的质量普遍较差,这也是一个值得关注的问题[160]。

对于含水印图像进行两种不同的模糊攻击,即模糊半径分别为 0.2 和 1.0。图 6.14 给出了所提取水印的视觉效果及其 NC 值。尽管模糊半径越大,其鲁棒性越差,所提出的水印算法还是比其他水印算法具有较高的鲁棒性。

Attack	Image	Fan et al. [156]	Golea et al. [131]	Proposed
Blurring (0.2)	Baboon	 0.999 87	 1.000 00	 1.000 00
	Avion	 0.999 84	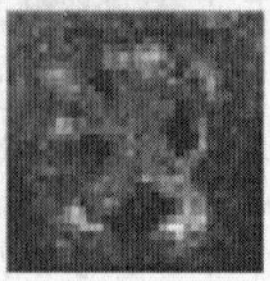 0.571 85	 1.000 00

图 6.14 模糊攻击后利用不同方法所提取的水印及其 NC 值

| Blurring (1.0) | Baboon |  0.672 05 | 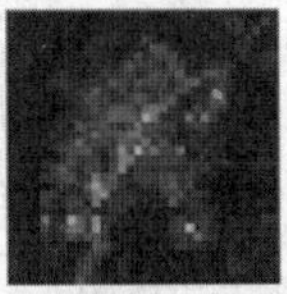 0.270 17 |  0.695 19 |
| | Avion | 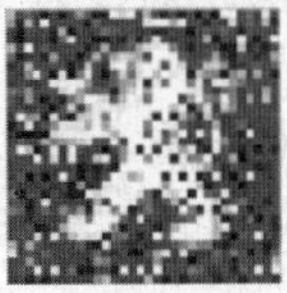 0.801 54 |  0.178 50 |  0.847 59 |

图 6.14　（续）

同时，对含水印图像进行两种不同的旋转攻击。一种是将含水印图像顺时针旋转 5°；另一种是顺时针旋转 30°，其中将包含旋转、缩放、裁剪等攻击操作。对于旋转攻击后的图像，本章将逆时针旋转回原来位置并裁剪出有效大小的图像进行水印提取。图 6.15 给出所提取水印的结果。一般来说，有关的彩色水印算法对于旋转攻击没有较强的鲁棒性，尤其是大角度旋转攻击。本章所提出的算法略优于其他算法。

Attack	Image	Fan et al. [156]	Golea et al. [131]	Proposed
Rotation (5 degrees)	Baboon			
	Avion			
Rotation (30 degrees)	Baboon			

图 6.15　旋转攻击后利用不同方法所提取的水印

Rotation (30 degrees)	Avion	

图 6.15 （续）

裁剪比例分别为 25％ 和 50％ 的剪切攻击也分别用在含水印的图像中。由于算法
[131]中的水印不存在置乱操作,剪切位置和尺寸大小能直接影响被裁剪区域中的水印。
在图 6.16 中,提取水印中的黑色区域就是该区域中的水印信息因剪切而被删除,因此,所
提水印算法具有较高的抗剪切鲁棒性。

Attack	Images	Fan et al. [156]	Golea et al. [131]	Proposed
Cropping (25%)	Baboon	 0.751 06	 0.736 13	 0.833 51
	Avion	 0.731 06	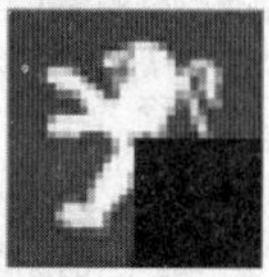 0.736 13	 0.763 54
Cropping (50%)	Baboon	 0.606 74	 0.531 12	 0.656 61
	Avion	 0.507 90	 0.533 13	 0.577 73

图 6.16　剪切攻击后利用不同方法所提取的水印及其 NC 值

6.4.3 虚警检测问题分析

如前所述,在大多数基于 SVD 的算法中因为仅将水印的奇异值嵌入宿主图像而存在虚警检测的问题,这将无法解决版权纠纷的问题。对于这个问题的解决方法就是将水印的所有信息(而不是奇异值)嵌入宿主图像中,这就要求声称版权的所有者必须提取出整个水印(而不仅仅是奇异值)信息。在本章算法中,将整个水印的信息嵌入并提出,因此不存在虚警检测的问题。

6.5 本章小结

本章提出一种基于 SVD 的补偿优化水印算法以将彩色图像水印嵌入彩色宿主图像。主要是将 4×4 的像素块进行 SVD 分解并利用其第一列第二行元素和第一列第三行元素之间的高度相似性来嵌入水印和提取水印。不需要原始宿主图像和原始水印图像,可将所嵌入水印从多种攻击后的含水印的图像块中提取。实验结果表明,所提出的水印算法在水印不可见性和鲁棒性方面得到兼顾优化。

第7章 基于 Schur 分解的双彩色图像盲水印算法研究

本章介绍了一种基于 Schur 分解的双彩色图像盲水印算法。通过分析 4×4 像素矩阵经过 Schur 分解后所得的 U 正交矩阵，可以发现其第二行第一列元素与其第三行第一列元素具有高度的相似性，利用此关系可以嵌入水印及盲提取水印。实验结果表明，本章算法对于大多数常用攻击具有较强的鲁棒性。

7.1 引　　言

第6章提出了基于 SVD 的补偿优化水印算法用来将彩色图像水印嵌入彩色宿主图像，该算法具有较好的水印不可见性。虽然该算法基本满足水印的鲁棒性要求，但是由于补偿操作使得部分被补偿的系数值差别缩小，尤其受到攻击后这些系数差不能真实表达水印信息的原始嵌入关系，因而其鲁棒性受到一定程度的影响。

近年来，为了加强数字版权保护，研究人员已经提出很多的基于 SVD 的水印算法[142-148]。SVD 在数字水印上的成功应用表明了 Schur 分解也有相同的用途，这是因为 Schur 分解是 SVD 分解的主要中间步骤[154]。Schur 分解的时间复杂度为 $O(8N^3/3)$，SVD 分解时间复杂度为 $O(11N^3)$，显然，Schur 分解不到 1/3 的 SVD 分解所需要的计算数量，这种关系表明了 Schur 分解在数字水印将有更广泛的应用；同时，Schur 向量具有较好的缩放不变性，能够提高算法的鲁棒性。

因此，本章借助第6章所涉及的水印嵌入与提取技术，探讨利用 Schur 分解在彩色图像中嵌入彩色图像水印并盲提取该水印。实验结果表明本章算法对于大多数常用图像处理，如有损压缩、低通滤波、剪切、加噪、模糊、旋转、缩放和锐化等具有较强的鲁棒性和不可见性。与相关的基于 SVD 算法和空域算法进行实验比较，结果表明本章算法在大多数攻击情况下具有较好的鲁棒性。

7.2　图像块的 Schur 分解

Schur 于 1909 年提出对矩阵分解[161]是一种典型的酉相似变换，该分解是数值线性代数中的一个重要工具[154]，可定义如下。

如果 $A \in C^{N \times N}$，则存在一个酉矩阵 $U \in C^{N \times N}$，使得

$$A = URU^{\mathrm{T}} = U(D + N)U^{\mathrm{T}} \tag{7-1}$$

其中，D 是一个包含 A 的特征值的对角矩阵；N 是一个严格的上三角矩阵，即 $n_{ij} = 0, \forall i \geqslant j$；$U^{\mathrm{T}}$ 表示 U 的共轭转置。

Schur 分解有很多特性，此处仅讨论与其向量有关的两个特性。

1. Schur 向量子空间的不变性

若 $U = [u_1, u_2, \cdots, u_N]$ 是酉矩阵 U 的列分块，则称 u_i 为 Schur 向量。令 $AU = UR$ 两边的列向量相等，由式(7-2)即可看到 Schur 向量满足关系式：

$$Au_k = \lambda_k u_k + \sum_{i=1}^{k-1} N_{ik} u_i, \quad k = 1, 2, \cdots, n \tag{7-2}$$

由此得出结论：子空间 $S_k = \mathrm{span}\{u_1, u_2, \cdots, u_k\}, k = 1, 2, \cdots, n$ 是不变的。

2. Schur 向量具有缩放不变性

在式(7-2)的两边都乘以常数 α，则

$$(\alpha A)u_k = (\alpha \lambda_k)u_k + \sum_{i=1}^{k-1} (\alpha N_{ik})u_i \tag{7-3}$$

这说明当对矩阵 A 放大 α 倍后，Schur 向量并没有改变，但是其特征值将被放大 α 倍。利用这个特性，可以把水印嵌入 Schur 向量中，以抵抗缩放攻击。

由于彩色图像的像素值是 0~255 之间，所以描述像素的矩阵元素都是为非负的。此外，彩色图像被分为 R、G、B 三个子图，而且每一子图是灰度图像，不失一般性，其邻近像素的值没有明显变化，尤其是在图像中像素块的尺寸较小的情况下。因此，图像块经 Schur 分解后所获得的酉矩阵 U 中有两个明显的特点，即其第一列的所有元素具有相同的符号且它们的值非常接近，本章用 4×4 的像素矩阵 A_1 来解释这一特点。

$$
A_1 = \begin{bmatrix} 185 & 186 & 187 & 188 \\ 184 & 185 & 186 & 187 \\ 184 & 184 & 185 & 186 \\ 184 & 185 & 186 & 186 \end{bmatrix} \quad U_1 = \begin{bmatrix} 0.5027 & 0.0102 & 0.7729 & 0.3871 \\ 0.5000 & 0.7033 & -0.0850 & -0.4981 \\ 0.4980 & -0.7108 & -0.0680 & -0.4922 \\ 0.4993 & -0.0057 & -0.6252 & 0.5998 \end{bmatrix}
$$

$$(7\text{-}4)$$

式(7-4)中的 A_1 经 Schur 分解产生 U_1 矩阵,而 U_1 中的矩阵的第一列元素符号是相同的。本章通过式(7-5)的另一个矩阵 A_2 来进一步验证该特点,可以发现在 U_2 矩阵里有着相同的情形。

$$
A_2 = \begin{bmatrix} 128 & 115 & 113 & 89 \\ 28 & 56 & 90 & 1 \\ 25 & 45 & 25 & 55 \\ 184 & 32 & 0 & 15 \end{bmatrix} \quad U_2 = \begin{bmatrix} -0.7498 & 0.0888 & -0.5939 & -0.2778 \\ -0.2092 & 0.9071 & 0.3081 & 0.1960 \\ -0.2484 & -0.1166 & 0.6343 & -0.7227 \\ -0.5764 & -0.3945 & 0.3873 & 0.6017 \end{bmatrix}
$$

$$(7\text{-}5)$$

表 7.1　Schur 分解所获得 U 矩阵的第一列元素之间的相似度(NC)

Image	NC($U_{1,1}$,$U_{2,1}$)	NC($U_{1,1}$,$U_{3,1}$)	NC($U_{1,1}$,$U_{4,1}$)	NC($U_{2,1}$,$U_{3,1}$)	NC($U_{2,1}$,$U_{4,1}$)	NC($U_{3,1}$,$U_{4,1}$)
Lena	0.9923	0.9875	0.9868	0.9969	0.9896	0.9933
Peppers	0.8868	0.8681	0.8656	0.9773	0.9475	0.9609
Avion	0.9248	0.9076	0.8989	0.9699	0.9461	0.9651
Baboon	0.9708	0.9593	0.9532	0.9793	0.9576	0.9714
Bear	0.8525	0.8300	0.8294	0.9528	0.9141	0.9348
TTU	0.9720	0.9554	0.9536	0.9908	0.9772	0.9858
Sailboat	0.8853	0.8718	0.8721	0.9851	0.9621	0.9736
Barbara	0.9440	0.9324	0.9290	0.9854	0.9740	0.9858
Couple	0.6090	0.5818	0.5900	0.8676	0.8516	0.8472
Average	0.8931	0.8771	0.8754	0.9672	0.9466	0.9575

此外,本章将一些标准彩色图像进行 4×4 分块并进行 Schur 分解得到多个 U 矩阵,

设一个矩阵 $U_{m,1}$ 中包含每个 U 矩阵中第 m 行第一列的元素，另一个 $U_{n,1}$ 包含每个 U 矩阵块中第 n 行第一列的元素，用式（1-9）计算两个矩阵 $U_{m,1}$、$U_{n,1}$ 之间的归一化互相关系数（NC）。表 7.1 中列出了许多标准图像测试的结果，从表中可以看出 $NC(U_{2,1}, U_{3,1})$ 的平均值为 0.9672，这表明在 Schu 分解后的 4×4 矩阵中第二行第一列元素和第三行第一列元素之间有很强的相似性。因此，可以利用这种稳定的相似性进行水印嵌入及盲提取。

7.3　基于 Schur 分解的彩色图像水印算法

不失一般性，设原始宿主图像 H 是大小为 $M \times M$ 的 24 位彩色图像，水印图像 W 是大小为 $N \times N$ 的 24 位彩色图像。

7.3.1　水印嵌入

水印嵌入的过程如图 7.1 所示，具体步骤详述如下。

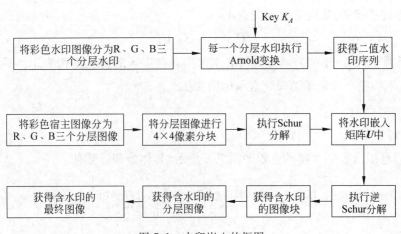

图 7.1　水印嵌入的框图

（1）彩色图像数字水印预处理。首先，将 3D 原始水印图像 W 通过降维处理分成 R、G、B 三个二维色彩分量，分量水印 $W_i (i=1,2,3)$ 分别表示 R、G、B 色彩分量。为了提高水印的安全性和鲁棒性，每个分量水印进行基于密钥 Ka 的 Arnold 随机置乱，且把每个像素值转换为 8 位二进制序列。

(2) 宿主图像的块处理。原始宿主图像分成 R、G、B 三个分量图像,而且每个分量图像被划分成 4×4 的非重叠块。

(3) 在每块 $\boldsymbol{H}_{i,j}$ 执行 Schur 分解获得每块 $\boldsymbol{U}_{i,j}$ 矩阵,如式(7-6)。

$$\boldsymbol{H}_{i,j} = \boldsymbol{U}_{i,j}\boldsymbol{S}_{i,j}\boldsymbol{U}_{i,j}^{\mathrm{T}} \tag{7-6}$$

(4) 根据水印信息 $w_{i,j}$ 修改在每块 $\boldsymbol{U}_{i,j}$ 矩阵中的元素 $u_{2,1}$ 和 $u_{3,1}$,得到改进的块 $\boldsymbol{U}_{i,j}^{*}$。据式(7-7)和式(7-8)的规则,通过修改第一列的第二个元素($u_{2,1}$)和第三个元素($u_{3,1}$)之间的关系来实现水印 $w_{i,j}$ 的嵌入:

$$\text{if} \quad w_{i,j} = 1, \quad \begin{cases} u_{2,1}^{*} = \text{sign}(u_{2,1}) \times (\boldsymbol{U}_{\text{avg}} + T/2) \\ u_{3,1}^{*} = \text{sign}(u_{3,1}) \times (\boldsymbol{U}_{\text{avg}} - T/2) \end{cases} \tag{7-7}$$

$$\text{if} \quad w_{i,j} = 0, \quad \begin{cases} u_{2,1}^{*} = \text{sign}(u_{2,1}) \times (\boldsymbol{U}_{\text{avg}} - T/2) \\ u_{3,1}^{*} = \text{sign}(u_{3,1}) \times (\boldsymbol{U}_{\text{avg}} + T/2) \end{cases} \tag{7-8}$$

其中,$\text{sign}(x)$ 表示 x 的符号;$U_{\text{avg}} = (|u_{2,1}| + |u_{3,1}|)/2$;$|x|$ 表示 x 的绝对值。

(5) 通过式(7-9)获得含水印图像块:

$$\boldsymbol{H}_{i,j}^{*} = \boldsymbol{U}_{i,j}^{*}\boldsymbol{S}_{i,j}\boldsymbol{U}_{i,j}^{*\mathrm{T}} \tag{7-9}$$

(6) 重复第(3)～第(5)步,直到所有水印信息位嵌入到宿主图像为止。最后,重组含水印的 R、G、B 三个分量图像得到含水印图像 H^{*}。

7.3.2 水印提取

提取彩色图像数字水印的过程如图 7.2 所示,具体步骤详述如下。

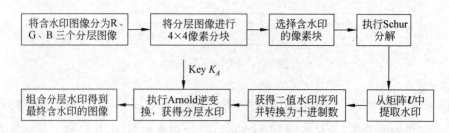

图 7.2 水印提取的框图

（1）把含水印图像 H^* 划分成 R、G、B 三个分量图像，并把它们进一步划分成大小为 4×4 像素的水印块。

（2）将水印块 $H_{i,j}^*$ 进行 Schur 分解得其酉矩阵 $U_{i,j}^*$ 矩阵。

（3）根据式（7-10），利用 $U_{i,j}^*$ 矩阵里第一列的第二个元素（$u_{2,1}^*$）和第三个元素（$u_{3,1}^*$）之间的关系来提取水印信息 $w_{i,j}^*$。

$$w_{i,j}^* = \begin{cases} 0 & \text{if} \quad |u_{2,1}^*| > |u_{3,1}^*| \\ 1 & \text{if} \quad |u_{2,1}^*| \leqslant |u_{3,1}^*| \end{cases} \qquad (7\text{-}10)$$

（4）重复第（2）步和第（3）步直到所有的嵌入图像块被执行。这些被提取出来的水印位按每 8 位一组，并将每一组转换为十进制的像素值，然后基于私钥 Ka 的逆 Arnold 转换执行，得到 R、G、B 三个分水印。

（5）重组提取的三个分水印，得到最终的提取水印 W^*。

可以看出，本章提出的水印算法在水印提取过程不需要原始水印或原始宿主图像的参与，仅利用含水印的图像就可提出所嵌入的彩色图像水印，因此该水印算法可以实现对水印的盲提取。

7.4　算法测试与结果分析

本章用图 7.3(a)～图 7.3(d)所示的 4 幅尺寸为 512×512 像素的 24 位彩色图像（Lena、Avion、Peppers、TTU）作为原始宿主图像，用图 7.3(e)和图 7.3(f)所示的两个尺寸为 32×32 像素的 24 位图像作为原始水印。同时，使用结构相似度（SSIM）来评价水印的不可见性，使用归一化相关值（NC）作为水印的鲁棒性评价标准。

7.4.1　水印不可见性测试

为了评估水印的不可见性，本章分别在宿主图像图 7.3(a)和图 7.3(b)中嵌入图 7.3(e)所示的水印，在宿主图像图 7.3(c)和图 7.3(d)中嵌入图 7.3(f)所示的水印。图 7.4 给出了含水印的彩色图像及它们的 SSIM 值，结果说明该水印算法可以获得更好的水印不可见性，所提出水印能够反映水印的真实原貌，相对于第 6 章的 SVD 算法具有较高的水印可见性。

(a) Lena	(b) Avion	(c) Peppers	(d) TTU
(e) Peugeot 标志		(f) 8 彩色图像水印	

图 7.3　原始宿主图像

	Lena	Avion	Peppers	TTU
Watermarked image				
SSIM	0.941 10	0.887 58	0.960 49	0.976 69
Extracted watermark				
NC	1.000 00	0.998 60	1.000 00	0.997 99

图 7.4　嵌入水印后的图像(SSIM)及未受任何攻击时提出的水印(NC)

　　在下面的小节中,将对含水印图像 Lena 和 Avion 进行各种攻击(如 JPEG 压缩、JPEG 2000 压缩、剪切、加噪、缩放、低通滤波、中值滤波、旋转、模糊等),并与相关算法进行比较,以验证所提出算法的鲁棒性。

7.4.2 水印鲁棒性测试

JPEG 压缩攻击是水印算法中最常见的攻击方法之一。图 7.5 给出了压缩因子为 30 和 90 时的攻击结果。相比文献[131]中的方法，所提算法对于抵抗 JPEG 压缩则具有较好的鲁棒性。

Attack	Image	Golea et al. [131]		Proposed	
		NC	Extracted watermark	Extracted watermark	NC
JPEG 30	Lena	0.653 11	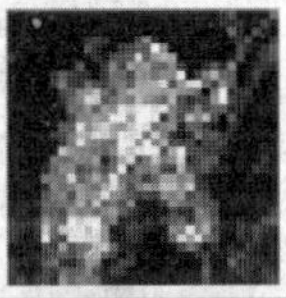		0.821 30
	Avion	0.820 43			0.840 98
JPEG 90	Lena	0.977 19			0.993 13
	Avion	0.975 95			0.994 16

图 7.5 JPEG 压缩攻击后利用不同方法所提取的水印

JPEG 2000 是通过联合图像专家组（JPEG）发展而来的，目的是为提高 JPEG 的标准性能。含水印图像也进行压缩比从 1～10 步长为 1 的 JPEG 2000 压缩。图 7.6 给出了压缩比为 5 和 10 的 NC 值及水印视觉效果。

Attack	Image	Golea et al. [131]		Proposed	
		NC	Extracted watermark	Extracted watermark	NC
JPEG 2000 (5:1)	Lena	0.938 98			0.990 96
	Avion	0.937 48			0.995 26
JPEG 2000 (10:1)	Lena	0.807 12			0.813 63
	Avion	0.795 07			0.907 44

图 7.6　JPEG 2000 压缩攻击后利用不同方法所提取的水印

图 7.7 给出了从噪声强度分别为 2% 和 10% 椒盐噪声攻击后的图像中提取水印的结果,可以看出,所提算法对抗椒盐噪声攻击比文献[131]的方法更具鲁棒性。

此外,用均值分别为 0.1 和 0.3 高斯噪声来攻击含水印的图像,攻击后提取的水印和 NC 值如图 7.8 所示。

图 7.9 给出了中值滤波攻击的结果。从图 7.9 可以看出,虽然两种方法的视觉质量不是很好,但所提方法相对于文献[131]的方法更好。效果差的主要原因是本章嵌入与提取水印是在像素 4×4 分割块的基础上展开的,而中值滤波尺寸分别设置为 2×2 和 3×3。

在这个实验中,利用截止频率为 100,级别分别为 1 和 3 的巴特沃斯低通滤波对含水印图像进行攻击,图 7.10 给出了 NC 值和视觉感知效果。

Attack	Image	Golea et al. [131]		Proposed	
		NC	Extracted watermark	Extracted watermark	NC
Salt & Peppers noise (0.02)	Lena	0.569 79	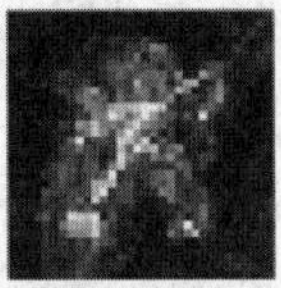	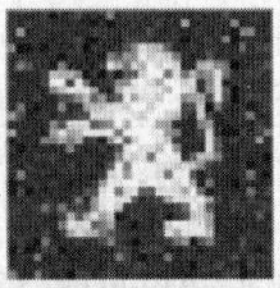	0.954 13
	Avion	0.527 59	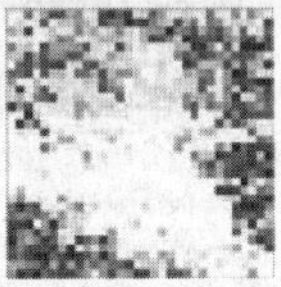		0.953 82
Salt & Peppers noise (0.10)	Lena	0.215 02			0.800 93
	Avion	0.210 75		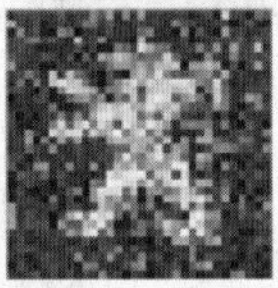	0.801 76

图 7.7　椒盐噪声攻击后利用不同方法所提取的水印

Attack	Image	Golea et al. [131]		Proposed	
		NC	Extracted watermark	Extracted watermark	NC
Gaussian noise (0.1)	Lena	0.860 01	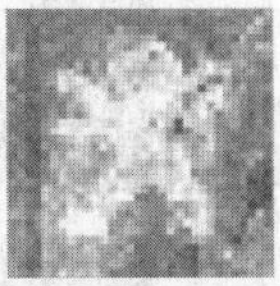	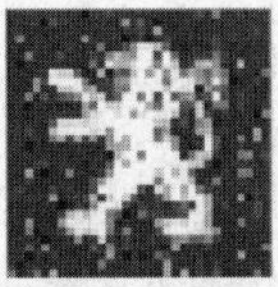	0.965 98
	Avion	0.818 77	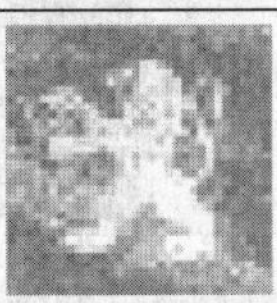		0.972 81

图 7.8　高斯噪声攻击后利用不同方法所提取的水印

| Gaussian noise (0.3) | Lena | 0.816 41 |  | 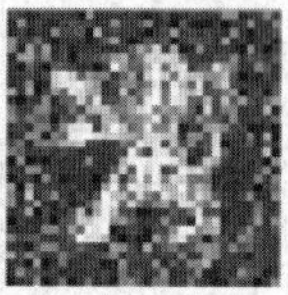 | 0.916 18 |
| | Avion | 0.651 14 | 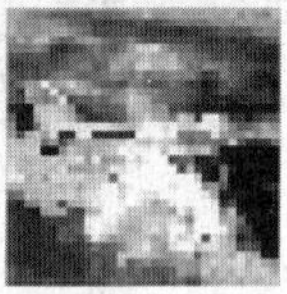 |  | 0.506 36 |

图 7.8 （续）

Attack	Image	Golea et al. [131]		Proposed	
		NC	Extracted watermark	Extracted watermark	NC
Median Filter (2×2)	Lena	0.651 92	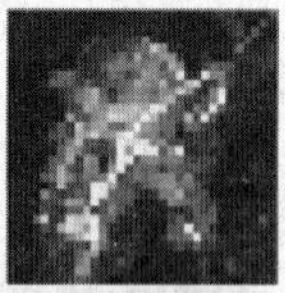	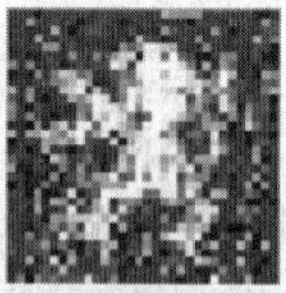	0.870 88
	Avion	0.671 50	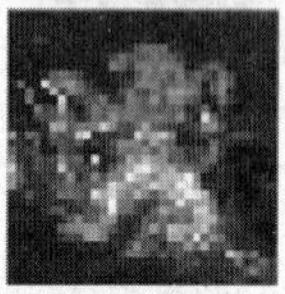	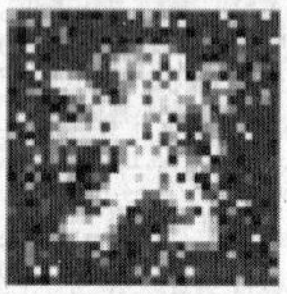	0.910 28
Median Filter (3×3)	Lena	0.507 44			0.541 18
	Avion	0.534 05	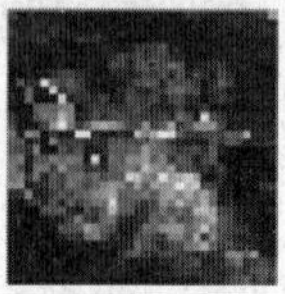		0.501 91

图 7.9　中值滤波攻击后利用不同方法所提取的水印

Attack	Image	Golea et al. [131]		Proposed	
		NC	Extracted watermark	Extracted watermark	NC
Low-pass Filter (100,1)	Lena	0.547 66	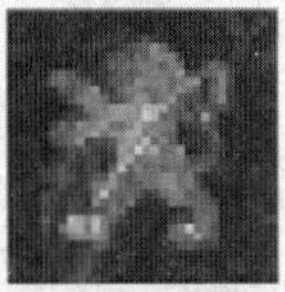		0.971 50
	Avion	0.585 53	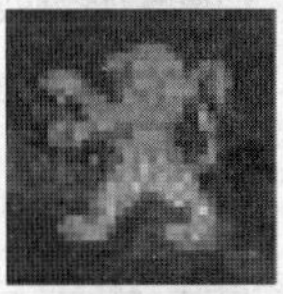	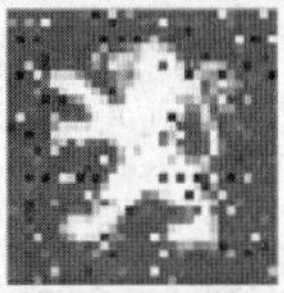	0.922 75
Low-pass Filter (100,3)	Lena	0.409 15	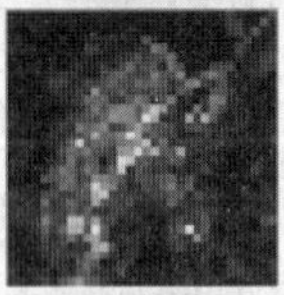		0.885 17
	Avion	0.465 00		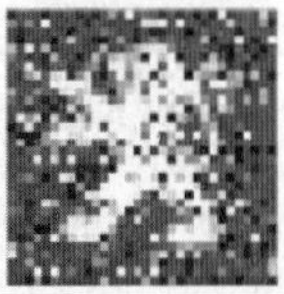	0.834 98

图 7.10　低通滤波攻击后利用不同方法所提取的水印

图 7.11 给出了锐化攻击的结果。在锐化过程中,半径分别为 0.2 和 1.0,结果显示所提方法要优于文献[131]的方法。

本章用 400% 和 25% 的两个缩放操作去攻击含水印图像。图 7.12 显示了缩放攻击后所提取水印的 NC 结果和视觉感知效果,本章所提出的算法具有较好的抗缩放攻击的能力,这是缘于 Schur 向量具有较好的缩放不变性。

另外,本章给出了两种图像模糊攻击的结果。第一种情况的模糊半径是 0.2(表示模糊的程度,不用加单位,下同),而第二种情况的半径是 1.0,图 7.13 展示了视觉对比和 NC 值的结果。

图 7.14 给出了两种旋转攻击的结果。其中一个实验是将含水印图像顺时针旋转 5°,而另一个是将含水印图像顺时针旋转 30°。在每一种攻击中,首先将含水印图像顺时针旋

Attack	Image	Golea et al. [131]		Proposed	
		NC	Extracted watermark	Extracted watermark	NC
Sharpening (0.2)	Lena	0.848 06			0.999 07
	Avion	0.850 27			0.988 93
Sharpening (1.0)	Lena	0.780 75			0.807 12
	Avion	0.625 58		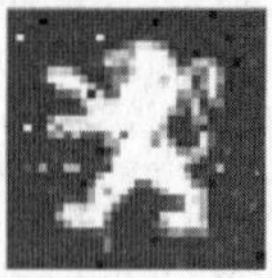	0.982 18

图 7.11　锐化攻击后利用不同方法所提取的水印

Attack	Image	Golea et al. [131]		Proposed	
		NC	Extracted watermark	Extracted watermark	NC
Scaling (4)	Lena	0.838 52			0.991 67
	Avion	0.868 85			0.966 79

图 7.12　缩放攻击后利用不同方法所提取的水印

| Scaling (1/4) | Lena | 0.569 79 | 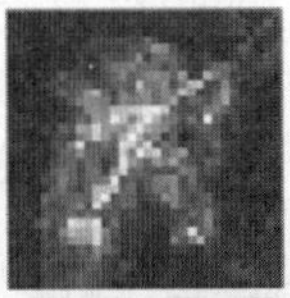 | 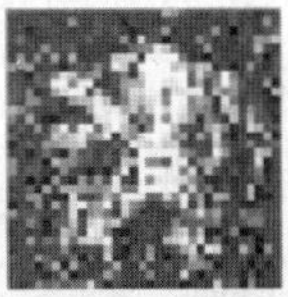 | 0.904 11 |
| | Avion | 0.6146 |  | 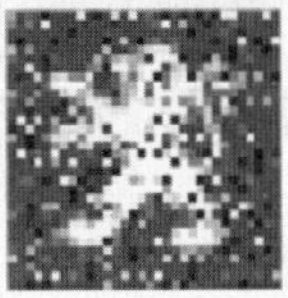 | 0.849 33 |

图 7.12 （续）

| Attack | Image | Golea et al. [131] | | Proposed | |
		NC	Extracted watermark	Extracted watermark	NC
Blurring (0.2)	Lena	1.000 00			1.000 00
	Avion	0.571 85			0.988 93
Blurring (1.0)	Lena	0.270 17			0.885 49
	Avion	0.178 50		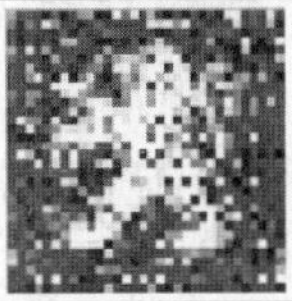	0.801 00

图 7.13 模糊攻击后利用不同方法所提取的水印

转一定度数,然后逆时针旋转相同度数,然后进行裁剪、缩放操作得到 512×512 像素的图像,最后提取水印。

Attack	Image	Golea et al. [131] Extracted watermark	Proposed Extracted watermark
Rotation 5 degree	Lena		
	Avion	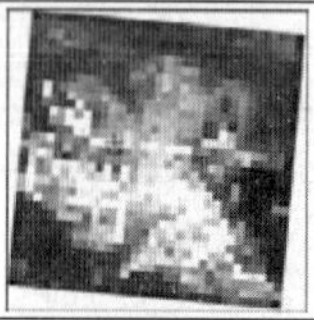	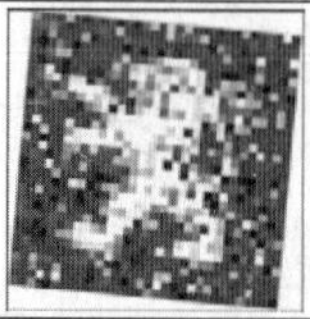
Rotation 30 degree	Lena	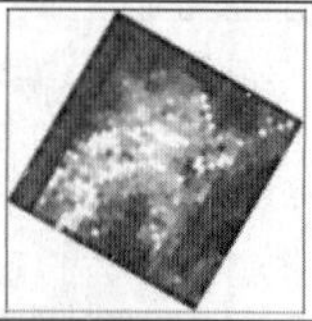	
	Avion		

图 7.14 旋转攻击后利用不同方法所提取的水印

图 7.15 给出了两种剪切攻击的结果。第一种情况下剪切了 25%,而第二种则剪切了 50%。因为在文献[131]中使用的数字水印没有进行置乱变换,所以剪切的位置和大小可以完全影响在剪切区域的水印,该方法提取的水印中有一个黑色区域,这意味着在这一区域的水印信息被剪切攻击完全删除。因此,本章所提算法要优于文献[131]的算法。

7.4.3 与空域算法的比较

为了进一步证明本章算法的鲁棒性,所提算法也与文献[84]的空域算法(以下简称算

Attack	Image	Golea et al. [131]		Proposed	
		NC	Extracted watermark	Extracted watermark	NC
Cropping (25%)	Lena	0.738 04	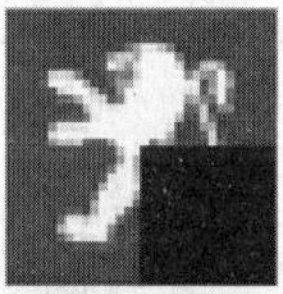		0.896 79
	Avion	0.736 13			0.783 27
Cropping (50%)	Lena	0.531 12			0.646 74
	Avion	0.533 13			0.563 19

图 7.15　剪切攻击后利用不同方法所提取的水印

法[84])进行了比较。在算法[84]中,通过修改每个像素的色彩量化索引来嵌入水印,而在提取水印时需要原始图像的量化表,无法实现盲提取的目的。

图 7.3(c)和图 7.3(d)所示的两个彩色图像在算法[84]中被用来作为宿主图像,而图 7.3(f)所示的 8 彩色图像被作为彩色图像水印。为便于比较,采用与算法[84]相同的攻击方式,相同的宿主图像和水印图像进行实验。如图 7.16 所示的结果表明,本章算法具有较好的鲁棒性。这主要是由于各种攻击所造成像素颜色值的改变将直接影响原始颜色值和颜色表之间的映射关系,这将导致算法[84]提取水印的质量下降。

Host image	Attack method	Chou et al. [84]		Proposed method	
		NC	Extracted watermark	NC	Extracted watermark
Peppers	Low-pass filtering	0.539	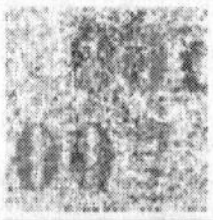	0.940 85	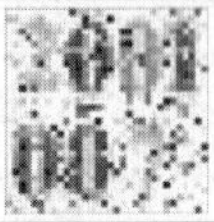
	Crop 50%	0.553	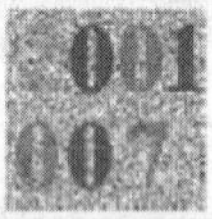	0.920 00	
	Scaling 1/4	0.536		0.899 43	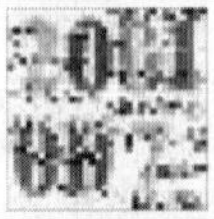
	Scaling 4	0.851		0.975 13	
	Rotation 30	—		—	
	JPEG 12:1	0.439		0.978 86	
	JPEG 27.5:1	0.343	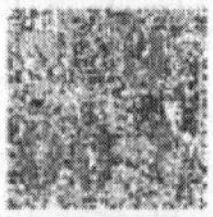	0.934 04	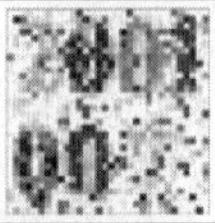
TTU	Low-pass filtering	0.423	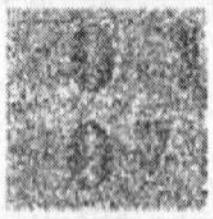	0.891 68	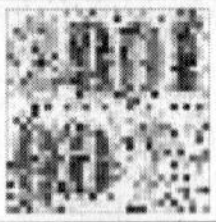
	Gaussian noise 4	0.982		0.938 92	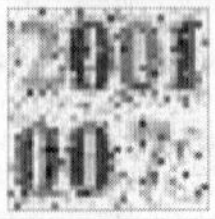

图 7.16　利用不同方法从不同含水印图像中所提取的水印比较

TTU	Gaussian noise 25	0.360	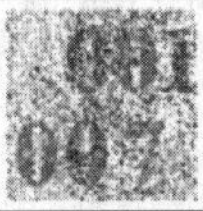	0.753 49	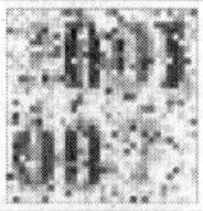
	Median Filter (3×3)	0.170		0.346 17	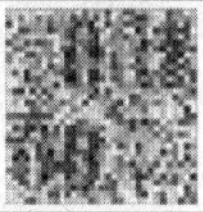

图 7.16　（续）

7.5　本 章 小 结

　　本章所提出的基于 Schur 分解的嵌入彩色图像水印到彩色宿主图像，可作为一种保护彩色图像版权的有效方法。它成功地运用了 Schur 分解后的 4×4 矩阵 U 中第二行第一列元素和第三行第一列元素之间很强的相似性来嵌入和提取水印。无须依靠原始宿主图像或原始水印，嵌入的水印可以从不同的攻击图像中提取。实验结果表明，该算法不仅满足了水印不可见性要求，而且在常见的图像处理操作中有较强的鲁棒性。

第 8 章 基于 QR 分解的双彩色图像盲水印算法研究

本章提出了一种高效的基于 QR 分解的彩色图像盲水印算法。首先,彩色宿主图像分成 4×4 非重叠的像素块。然后对每个选定的像素块进行 QR 分解,通过量化矩阵 **R** 的第一行第四列的元素来嵌入水印信息。提取水印过程中,不需要原始宿主图像和原始水印图像。实验结果表明,该方案不但满足了水印性能的基本要求,而且具有很高的执行效率,便于算法的硬件化及实用化。

8.1 引　　言

前几章分别从水印容量、不可见性及鲁棒性等不同的角度研究了彩色图像数字水印的嵌入与提取问题,分别适用于不同要求的场合。为了便于硬件实用化,需要设计一种快速有效的水印算法。

在第 7 章中,分析了 SVD 分解或 Schur 分解的时间复杂度都是 $O(N^3)$,通过进一步研究发现矩阵的 QR 分解的时间复杂度为 $O(N^2)$ [162,163],这一特点加快了 QR 分解在数字水印中的应用[164]。近两年来,基于 QR 分解的数字水印算法开始出现。Yasha 等人[165]提出了将 8×8 像素块进行 QR 分解并将一位水印信息嵌入其 **R** 矩阵第一行的所有元素,该算法使用的是 88×88 的二值水印。通过修改 QR 分解后矩阵 **Q** 的元素,文献[166]将一个 32×32 的二值图像嵌入 512×512 的宿主图像中,这两种水印技术的共同特点是将二值图像作为水印。由于彩色图像作为水印时,其水印信息量将是同尺寸二值图像的 24 倍,因而从理论上将文献[165]、文献[166]所述的方法不能较好地满足彩色图像作为水印的要求。

根据上述讨论,本章提出一种高效的基于 QR 分解的双彩色图像水印算法。通过理论分析和实验分析发现,将 QR 分解所得的 **R** 矩阵的第一行第四列元素进行量化可以实现水印的嵌入,根据对大量实验数据的分析可以选择合适的量化步长以协调水印鲁棒性和不可见性之间的矛盾。另外,所提水印算法达到盲提取的目的。仿真实验数据表明该算法不但满足了水印不可见性和强鲁棒性的需要,而且算法的执行效率有明显的提高。

8.2　图像块的 QR 分解

设 A 为一个大小为 $N \times N$ 的非奇异矩阵,则其 QR 分解可以表示为

$$[Q, R] = qr(A) \tag{8-1}$$

其中, Q 是一个具有标准正交向量的 $N \times N$ 矩阵,其列向量是由 A 中的列向量通过格拉姆-施密特正交化(Gram-Schmidt)处理得到的; R 是一个 $N \times N$ 的上三角矩阵,设 A 和 Q 分别为 $A = [a_1, a_2, \cdots, a_n]$, $Q = [q_1, q_2, \cdots, q_n]$,其中 a_i 和 q_i 分别为列向量, $i = 1, 2, \cdots, n$,则矩阵 R 可由式(8-2)求得。

$$R = \begin{bmatrix} \langle a_1, q_1 \rangle & \langle a_2, q_1 \rangle & \cdots & \langle a_n, q_1 \rangle \\ 0 & \langle a_2, q_2 \rangle & \cdots & \langle a_n, q_2 \rangle \\ \vdots & \vdots & \ddots & \vdots \\ 0 & 0 & 0 & \langle a_n, q_n \rangle \end{bmatrix} \tag{8-2}$$

其中, $\langle a_i, q_i \rangle$ 为向量 a_i 和 q_i 的内积。

QR 分解后的矩阵 R 具有一个重要的性质:若矩阵 A 的列具有相关性,则矩阵 R 第一行的元素的绝对值很有可能大于其他行中相应元素的绝对值[164]。

下面分别对满足该性质的条件和概率进行分析。

1. 条件分析

不失一般性,以一个 2×2 的矩阵 $A = \begin{bmatrix} a & c \\ b & d \end{bmatrix}$ 为例来验证以上性质;同时,根据图像像素特点,令矩阵 A 中各个元素的取值为 $[0, 255]$。由 QR 分解的定义,对该矩阵的 QR 分解可以通过下式得到:

$$Q = \frac{1}{\sqrt{a^2 + b^2}} \begin{bmatrix} a & -b \\ b & a \end{bmatrix} \tag{8-3}$$

$$\boldsymbol{R} = \begin{bmatrix} r_{11} & r_{12} \\ r_{21} & r_{22} \end{bmatrix} = \frac{1}{\sqrt{a^2+b^2}} \begin{bmatrix} a^2+b^2 & ac+bd \\ 0 & ad-bc \end{bmatrix} \tag{8-4}$$

1) r_{11} 与 r_{21} 的关系分析

因 $\boldsymbol{A}$ 为非奇异矩阵，即 $|\boldsymbol{A}| \neq 0$，则

$$ad \neq bc \tag{8-5}$$

由式(8-5)知，像素 a、b 不能同时为 0，则其中至少有一个的值在 $[1,255]$ 之间，

$$a^2+b^2 \geqslant 1 \tag{8-6}$$

因此，由式(8-4)和式(8-6)可以看到：

$$r_{11} > r_{21} \tag{8-7}$$

2) r_{12} 与 r_{22} 的关系分析

分三种情况来讨论。

(1) $a=b\neq 0$。

由式(8-4)知：

$$|r_{12}| = \frac{ac+bd}{\sqrt{a^2+b^2}} = \frac{c+d}{\sqrt{2}}, \quad |r_{22}| = \frac{|ad-bc|}{\sqrt{a^2+b^2}} = \frac{|d-c|}{\sqrt{2}} \tag{8-8}$$

当 $a=b\neq 0$，且 $c=0$ 时的概率为

$$P(a=b\neq 0, c=0) = \frac{1}{255} \times \frac{1}{255} \times \frac{1}{256} = 6.007 \times 10^{-8} \tag{8-9}$$

这说明这种情况出现的概率极低。

当 $a=b\neq 0$，且 $c\neq 0$ 时：

$$c+d > |d-c| \tag{8-10}$$

综合式(8-8)~式(8-10)可以看出：当 $a=b\neq 0$ 时，$|r_{12}|$ 几乎大于 $|r_{22}|$。

(2) $a>b\geqslant 0$。

如果 $|r_{12}|>|r_{22}|$ 成立，则式(8-11)成立：

$$\frac{ac+bd}{\sqrt{a^2+b^2}} > \frac{|ad-bc|}{\sqrt{a^2+b^2}} \Rightarrow ac+bd > |ad-bc| \tag{8-11}$$

如果 $ad-bc>0$，则式(8-11)可以继续推导为

$$ac+bd>ad-bc \Rightarrow ac+bc>ad-bd \Rightarrow (a+b)c>(a-b)d \Rightarrow d<\frac{a+b}{a-b}c$$

$$(8\text{-}12)$$

如果 $ad-bc<0$，则式(8-11)可以继续推导为

$$ac+bd>bc-ad \Rightarrow ac-bc>-ad-bd \Rightarrow (a-b)c>-(a+b)d \Rightarrow d>\frac{b-a}{a+b}c$$

$$(8\text{-}13)$$

由式(8-12)式(8-13)知，在 $a>b \geqslant 0$ 的情况下，当 $\frac{b-a}{a+b}c<d<\frac{a+b}{a-b}c$ 时，$|r_{12}|>|r_{22}|$ 成立。

(3) $0 \leqslant a<b$。

如果 $|r_{12}|>|r_{22}|$ 要成立，则式(8-14)要成立：

$$\frac{ac+bd}{\sqrt{a^2+b^2}}>\frac{|ad-bc|}{\sqrt{a^2+b^2}} \Rightarrow ac+bd>|ad-bc| \qquad (8\text{-}14)$$

如果 $ad-bc>0$，则式(8-14)可以继续推导为

$$ac+bd>ad-bc \Rightarrow ac+bc>ad-bd \Rightarrow (a+b)c>(a-b)d \Rightarrow d>\frac{a+b}{a-b}c$$

$$(8\text{-}15)$$

如果 $ad-bc<0$，则式(8-14)可以继续推导为

$$ac+bd>bc-ad \Rightarrow ad+bd>bc-ac \Rightarrow (a+b)d>(b-a)c \Rightarrow d>\frac{b-a}{a+b}c$$

$$(8\text{-}16)$$

由式(8-15)和式(8-16)知，在 $0 \leqslant a<b$ 的情况下，当 $d>\frac{a+b}{a-b}c$ 且 $d>\frac{b-a}{a+b}c$ 时，$|r_{12}|>|r_{22}|$ 成立。

2. 概率分析

根据上述条件分析，图 8.1(a)和图 8.1(b)分别给出了 $a>b \geqslant 0$ 和 $0 \leqslant a<b$ 情况下，在直角坐标系满足上述条件的区域。

如图 8.1(a)所示，当 $a>b \geqslant 0$ 时，(c,d) 的取值落在阴影范围内时，$|r_{12}|>|r_{22}|$，其概率为

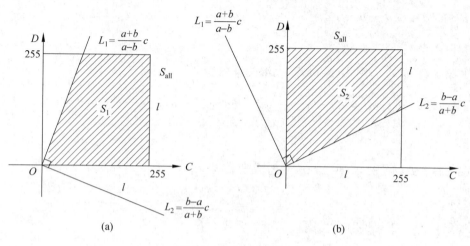

图 8.1 条件区域说明

$$P((|r_{12}| > |r_{22}|) | (a > b \geqslant 0)) = \frac{S_1}{S_{\text{all}}} = \frac{\left(\left(1 - \dfrac{a-b}{a+b}\right)l + l\right) \times l}{2l^2}$$

$$= 1 - \frac{a-b}{2(a+b)} \tag{8-17}$$

其中,$P((|r_{12}| > |r_{22}|) | (a > b \geqslant 0))$表示在 $a > b \geqslant 0$ 的情况下 $|r_{12}| > |r_{22}|$ 的概率,S_1 表示阴影区域的面积,S_{all} 表示(c, d)可能取值区域的总面积。

如图 8.1(b)所示,当 $0 \leqslant a < b$ 时,(c, d) 的取值落在阴影范围内时,$|r_{12}| > |r_{22}|$,其概率为

$$P((|r_{12}| > |r_{22}|) | (0 \leqslant a < b)) = \frac{S_2}{S_{\text{all}}} = \frac{\left(\left(1 - \dfrac{b-a}{a+b}\right)l + l\right) \times l}{2l^2}$$

$$= 1 - \frac{b-a}{2(a+b)} \tag{8-18}$$

其中,$P((|r_{12}| > |r_{22}|) | (0 \leqslant a < b))$表示在 $0 \leqslant a < b$ 的情况下 $|r_{12}| > |r_{22}|$ 的概率,S_2 表示阴影区域的面积,S_{all} 表示(c, d)可能取值区域的总面积。

综上所述,在 $a \neq b$ 的情况下,$|r_{12}| > |r_{22}|$ 的概率为

$$\begin{aligned}
P(\mid r_{12}\mid > \mid r_{22}\mid) &= P((\mid r_{12}\mid > \mid r_{22}\mid)\mid(a > b \geqslant 0)) \times P(a > b \geqslant 0)\\
&\quad + P((\mid r_{12}\mid > \mid r_{22}\mid)\mid(0 \leqslant a < b)) \times P(0 \leqslant a < b))\\
&= \frac{1}{2} \times (P((\mid r_{12}\mid > \mid r_{22}\mid)\mid(a > b \geqslant 0))\\
&\quad + P((\mid r_{12}\mid > \mid r_{22}\mid)\mid(0 \leqslant a < b)))\\
&= 1 - \frac{\mid b - a\mid}{2(a + b)}
\end{aligned} \tag{8-19}$$

由式(8-19)可知,若 a,b 的值越接近,则 $P(\mid r_{12}\mid > \mid r_{22}\mid)$ 的值越大,即 $\mid r_{12}\mid > \mid r_{22}\mid$ 的概率越大。由于图像像素值的相关性,相邻像素之间的差别一般不大,因此,该概率值一般较大。

通过上述分析可知,QR 分解后的矩阵 $\boldsymbol{R}$ 第一行的元素的绝对值很有可能大于其他行中相应元素的绝对值。因为较大的值可以允许修改的范围较大,所以比较适合水印的嵌入,那么,在 4×4 的 $\boldsymbol{R}$ 矩阵中哪一个元素更适合嵌入水印呢?

为了确定在 $\boldsymbol{R}$ 矩阵第一行元素中的具体嵌入位置,本章假设一个原始像素块 $\boldsymbol{A}$ 是一个 4×4 矩阵,其 QR 分解过程如下:

$$\boldsymbol{A} = [a_1,a_2,a_3,a_4] = \begin{bmatrix} a_{1,1} & a_{1,2} & a_{1,3} & a_{1,4}\\ a_{2,1} & a_{2,2} & a_{2,3} & a_{2,4}\\ a_{3,1} & a_{3,2} & a_{3,3} & a_{3,4}\\ a_{4,1} & a_{4,2} & a_{4,3} & a_{4,4} \end{bmatrix} = \boldsymbol{QR}$$

$$= [q_1,q_2,q_3,q_4][r_1,r_2,r_3,r_4] \tag{8-20}$$

$$= \begin{bmatrix} q_{1,1} & q_{1,2} & q_{1,3} & q_{1,4}\\ q_{2,1} & q_{2,2} & q_{2,3} & q_{2,4}\\ q_{3,1} & q_{3,2} & q_{3,3} & q_{3,4}\\ q_{4,1} & q_{4,2} & q_{4,3} & q_{4,4} \end{bmatrix} \begin{bmatrix} r_{1,1} & r_{1,2} & r_{1,3} & r_{1,4}\\ 0 & r_{2,2} & r_{2,3} & r_{2,4}\\ 0 & 0 & r_{3,3} & r_{3,4}\\ 0 & 0 & 0 & r_{4,4} \end{bmatrix}$$

$$= \begin{bmatrix} q_{1,1}r_{1,1} & q_{1,1}r_{1,2}+q_{1,2}r_{2,2} & q_{1,1}r_{1,3}+q_{1,2}r_{2,3}+q_{1,3}r_{3,3} & q_{1,1}r_{1,4}+q_{1,2}r_{2,4}+q_{1,3}r_{3,4}+q_{1,4}r_{4,4}\\ q_{2,1}r_{1,1} & q_{2,1}r_{1,2}+q_{2,2}r_{2,2} & q_{2,1}r_{1,3}+q_{2,2}r_{2,3}+q_{2,3}r_{3,3} & q_{2,1}r_{1,4}+q_{2,2}r_{2,4}+q_{2,3}r_{3,4}+q_{2,4}r_{4,4}\\ q_{3,1}r_{1,1} & q_{3,1}r_{1,2}+q_{3,2}r_{2,2} & q_{3,1}r_{1,3}+q_{3,2}r_{2,3}+q_{3,3}r_{3,3} & q_{3,1}r_{1,4}+q_{3,2}r_{2,4}+q_{3,3}r_{3,4}+q_{3,4}r_{4,4}\\ q_{4,1}r_{1,1} & q_{4,1}r_{1,2}+q_{4,2}r_{2,2} & q_{4,1}r_{1,3}+q_{4,2}r_{2,3}+q_{4,3}r_{3,3} & q_{4,1}r_{1,4}+q_{4,2}r_{2,4}+q_{4,3}r_{3,4}+q_{4,4}r_{4,4} \end{bmatrix}$$

由式(8-20)可以看出,$a_{1,1}$等于$q_{1,1}r_{1,1}$,如果修改$r_{1,1}$,则将直接影响$a_{1,1}$,并将改变像素值影响水印的不可见性,但是若修改$r_{1,4}$,则对$a_{1,4}$将产生较少的间接影响,所以$r_{1,4}$是用来嵌入水印的最佳元素,可以通过下面的实验进一步验证这一结论。

实验中,分别在 R 中第一行的不同元素来嵌入水印,然后从受 10 种不同攻击的图像中提取水印,NC 值越大说明提 NC 取的水印效果越好,该位置越适合水印嵌入,从图 8.2 可以看出,在元素 $r_{1,4}$ 中嵌入水印具有较好的性能。

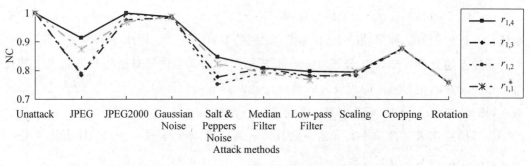

图 8.2　R 中第一行各元素嵌入水印的比较

8.3　基于 QR 分解的彩色图像水印算法

本节将提出一种基于 QR 分解的彩色水印技术,目的是将尺寸为 $N×N$ 的 24 位彩色图像 W 嵌入到尺寸为 $M×M$ 的 24 位彩色图像原始宿主图像 H 中,并能达到盲提取的目的,其具体的水印嵌入算法描述如下。

8.3.1　水印嵌入

水印嵌入的过程如图 8.3 所示,具体步骤详述如下。

1. 彩色图像水印预处理

首先,将 3D 原始彩色图像水印 W 通过降维处理分成 2D 的 R、G、B 三个色彩分量。为了提高水印的安全性和鲁棒性,每个分量水印进行基于密钥 $K_{Ai}(i=1,2,3)$ 的 Arnold 随机置乱,且把每个像素值转换为 8 位二进制序列。最后,组合所有的 8 位二进制序列形

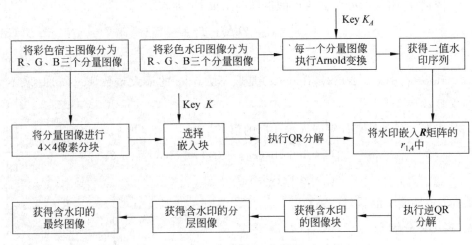

图 8.3　水印嵌入的框图

成 R、G、B 色彩的二值分量水印 $W_i(i=1,2,3)$ 分别表示。

2. 宿主图像的块处理

原始宿主图像分成 R、G、B 三个分量图像 $H_i(i=1,2,3)$，而且每个分量图像被划分成 4×4 的非重叠块。

3. 选择嵌入位置

为了提高水印的安全性，利用基于密钥 $K_i(i=1,2,3)$ 的 MD5-Hash 伪随机替换算法在分量图像 $H_i(i=1,2,3)$ 中选择非冲撞的嵌入像素块。

4. QR 分解

根据式(8-1)对每一个选中的 4×4 的像素块进行 QR 分解。

5. 嵌入水印

通过修改 $r_{1,4}$ 来嵌入水印信息 w 的过程如下。

(1) 根据要嵌入的水印信息 w 选取不同的修改幅度 T_1 和 T_2。

$$\text{if}\quad w=1,\quad \begin{cases} T_1 = 0.5\Delta \\ T_2 = -1.5\Delta \end{cases} \tag{8-21}$$

$$\text{if}\quad w=0,\quad \begin{cases} T_1 = -0.5\Delta \\ T_2 = 1.5\Delta \end{cases} \tag{8-22}$$

（2）依据 T_1 和 T_2，确定修改可能得到的结果 C_1 和 C_2。

$$C_1 = 2k\Delta + T_1 \qquad\qquad (8\text{-}23)$$

$$C_2 = 2k\Delta + T_2 \qquad\qquad (8\text{-}24)$$

其中，$k=\mathrm{floor}(\mathrm{ceil}(r_{1,4}/\Delta)/2)$，$\mathrm{floor}(x)$ 是取不大于 x 的最大整数，$\mathrm{ceil}(x)$ 是取不小于 x 的最小整数。

（3）依据下列条件来计算嵌入水印后的值 $r_{1,4}^{*}$。

$$r_{1,4}^{*} = \begin{cases} C_2 & \text{if} \quad \mathrm{abs}(r_{1,4} - C_2) < \mathrm{abs}(r_{1,4} - C_1) \\ C_1 & \text{otherwise} \end{cases} \qquad (8\text{-}25)$$

其中，$\mathrm{abs}(x)$ 是求 x 的绝对值函数。

6. 逆 QR 分解

用计算得到的 $r_{1,4}^{*}$ 替换 $r_{1,4}$，并利用式(8-26)执行逆 QR 分解得到含水印的图像块：

$$\boldsymbol{A}^{*} = \boldsymbol{Q} \times \boldsymbol{R}^{*} \qquad\qquad (8\text{-}26)$$

7. 重复

重复执行 4～7 步，直到所有的水印信息嵌入宿主图像。最后，含水印的 R、G、B 分量图像重新组合形成含水印的图像 H^{*}。

8.3.2　水印提取

在本章水印提取算法中，不需要原始水印图像或原始宿主图像，其过程如图 8.4 所示，其具体步骤详述如下。

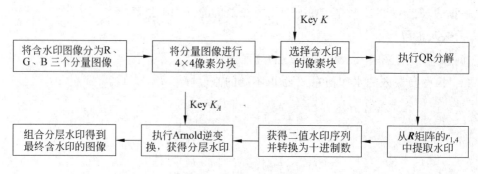

图 8.4　水印提取的框图

1. 含水印图像的预处理

把水印图像 H^* 划分成 R、G、B 三个分量图像，并把它们进一步划分成大小为 4×4 像素的水印块。

2. 选择含水印的像素块

利用基于密钥 $K_i(i=1,2,3)$ 的 MD5-Hash 伪随机替换算法在分量图像中选择嵌入水印的像素块。

3. QR 分解

根据式(8-1)对每一个含水印的像素块进行 QR 分解，得到矩阵 $\boldsymbol{R}^*$。

4. 提取水印

利用式(8-27)，从矩阵 $\boldsymbol{R}^*$ 的第一行第四列元素 $r_{1,4}^*$ 中提取水印 w^*。

$$w^* = \mathrm{mod}(\mathrm{ceil}(r_{1,4}^*/\Delta),2) \tag{8-27}$$

其中，mod(·)是取余操作。

5. 重复

重复执行第 2～4 步，直到所有嵌入水印的像素块执行完毕，被提取出来的水印位按每 8 位一组，并将每一组转换为十进制的像素值形成分量水印。

6. 重组

将每一个分量水印进行基于密钥 $K_{A_i}(i=1,2,3)$ 的 Arnold 逆变换，并重组形成最终的提取水印 W^*。

8.4　算法测试与结果分析

在实验中，用图 7.3(a)～图 7.3(d)所示的 4 幅大小为 512×512 像素的 24 位彩色图像($Lena$、$Avion$、$Peppers$、TTU)作为原始宿主图像，用图 7.3(e)和图 7.3(f)所示的两个尺寸为 32×32 的 24 位图像作为原始水印。同时，使用结构相似度($SSIM$)来评价水印的不可见性，使用归一化相关值(NC)评价嵌入水印的鲁棒性。

8.4.1　量化步长的选取

为了首先保证水印的不可见性和鲁棒性，本章通过大量的实验来选取合适的量化步

长 Δ。由表 8.1 可以看出,量化步长 Δ 越大,水印的不可见性越差,但是水印的鲁棒性越强,考虑两者的平衡,选取量化步长 Δ 为 38。

表 8.1　不同量化步长下的水印性能

Quantization Step	SSIM	NC (un-attack)	Average NC (different attacks)
10	0.996 73	1.0000	0.7589
14	0.993 69	1.0000	0.8206
18	0.989 32	1.0000	0.8525
20	0.987 27	1.0000	0.8675
24	0.981 36	1.0000	0.8899
28	0.975 57	1.0000	0.9084
30	0.972 69	0.9998	0.9158
34	0.964 75	0.9998	0.9259
38	0.956 86	1.0000	0.9433
40	0.952 77	0.9999	0.9463
44	0.944 22	0.9999	0.9567
48	0.936 51	0.9998	0.9626

8.4.2　水印不可见性测试

为了验证本章算法的水印不可见性,用多个不同的宿主图像和水印图像与不同算法进行了比较,除了用 SSIM 和 NC 来度量外,实验也提供了视觉比较结果。实验中,将图 7.3(e)所示的水印分别嵌入宿主图像 7.3(a)和图 7.3(b)中,同时将图 7.3(f)所示的水印嵌入图 7.3(c)和图 7.3(d)所示的宿主图像中。

图 8.5 不仅给出了含水印的彩色图像及它们的 SSIM 值,而且给出了未受攻击情况下所提出的水印。通过比较可以看出,Song 等[166] 提出基于 QR 分解的方法未能较好地提取水印,嵌入水印后的宿主图像发生了明显的变化,这样不能满足水印不可见性需求,因此该算法不适合于将彩色图像水印嵌入彩色图像。相对而言,基于 SVD 的算法[131]、基

于 QR 分解的算法[165]和本章算法满足了水印不可见性要求，不过前两者所提取的水印要比本章算法逊色一些。为了进一步验证本章算法的鲁棒性和执行效率，本章将继续与文献[131]和文献[165]所提算法及其他有关算法进行比较。

Method	Golea et al. [131]	Song et al.[166]	Yashar et al. [165]	Proposed
Watermarked image (SSIM)	 0.9935	 0.6332	 0.9767	 0.9569
Extracted watermark (NC)	 1.0000	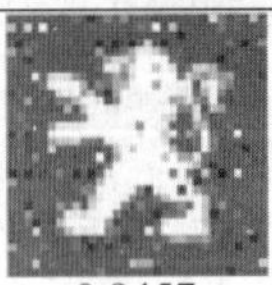 0.9457	 1.0000	 1.0000
Watermarked image (SSIM)	 0.9540	 0.5411	 0.9755	 0.9856
Extracted watermark (NC)	 0.9949	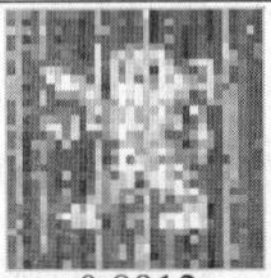 0.8912	 1.0000	 1.0000
Watermarked image (SSIM)	 0.9279	 0.7111	 0.9631	 0.9592

图 8.5　嵌入水印的图像及未受攻击时提取的水印

Extracted watermark (NC)	0.9801	0.9293	0.9967	1.0000
Watermarked image (SSIM)	0.9970	0.8241	0.9915	0.9847
Extracted watermark (NC)	0.9919	0.9262	0.9967	1.0000

图 8.5 （续）

8.4.3　水印鲁棒性测试

在本节,对含水印的 Lena 和 Avion 图像进行图像压缩、剪切、加噪、缩放、滤波、旋转、模糊等多种攻击并与文献[131]和文献[165]所提出的算法(以下简称算法[131]和算法[165])进行比较以评定本章所提算法的鲁棒性。

JPEG 是 Internet 和数字产品中最常见的文档格式之一。JPEG 的压缩因子介于 0～100 之间,当压缩因子从 100 逐渐减小时,则渐显图像的压缩效果,图像质量明显降低。本实验中,含水印图像受到压缩因子由 10～100 增量为 10 的渐增压缩攻击。同时,含水印图像也受到压缩率由 1～10 增量为 1 的 JPEG 2000 的压缩攻击,图 8.6 给出了部分比较结果。可以看出,与算法[131]和算法[165]相比,所提出的算法对于常见的图像压缩攻击具有较好的鲁棒性。

Attack	Image	Golea et al. [131]	Yashar et al. [165]	Proposed
JPEG (30)	Lena	 0.6531	 0.8085	 0.9139
	Avion	 0.8204	 0.8186	 0.8834
JPEG (90)	Lena	 0.9712	 0.9995	 0.9999
	Avion	 0.9760	 0.9982	 0.9999
JPEG2000 (5:1)	Lena	 0.9390	 0.9949	 0.9995
	Avion	 0.9375	 0.9959	 0.9999
JPEG2000 (10:1)	Lena	 0.8071	 0.9261	 0.9993

图 8.6　JPEG 压缩攻击后利用不同方法所提取的水印

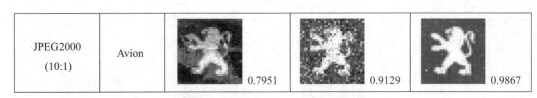

JPEG2000 (10:1)	Avion	0.7951	0.9129	0.9867

图 8.6 （续）

　　分别用强度为 0.02 和 0.10 的两种椒盐噪声对含水印图像进行攻击。另外，还分别用均值为 0.1 和 0.3 的两种高斯噪声来攻击含水印的图像，攻击后提取的水印如图 8.7 所示。

Attack	Image	Golea et al. [131]	Yashar et al. [165]	Proposed
Salt & Peppers noise (0.02)	Lena	 0.5698	 0.8093	 0.9414
	Avion	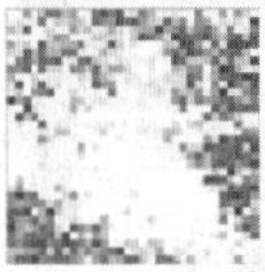 0.5276	 0.8089	 0.9226
Salt & Peppers noise (0.10)	Lena	0.2724	 0.5559	 0.7504
	Avion	0.2345	 0.5784	 0.7229
Gaussian noise (0.1)	Lena	0.8600	 0.7084	 0.9817

图 8.7　加噪声攻击后利用不同方法所提取的水印

Gaussian noise (0.1)	Avion	 0.8188	 0.7089	 0.9835
Gaussian noise (0.3)	Lena	 0.7469	 0.5492	 0.8598
	Avion	 0.6511	0.5578	 0.8614

图 8.7 （续）

图 8.8 给出了中值滤波和低通滤波攻击后提取水印的结果，可以看出，本章所提算法较其他算法具有更好的鲁棒性。

Attack	Image	Golea et al. [131]	Yashar et al. [165]	Proposed
Median filter (3×1)	Lena	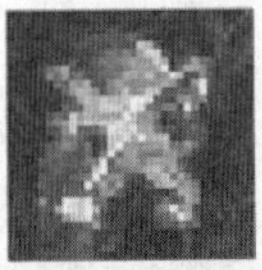 0.7102	 0.9919	 0.9993
	Avion	 0.7455	 0.9721	 0.9972
Median filter (5×1)	Lena	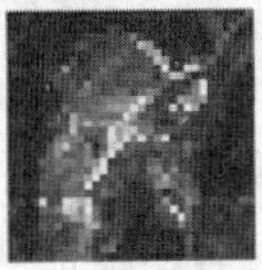 0.5019	 0.9578	 0.9906

图 8.8　滤波攻击后利用不同方法所提取的水印

Median filter (5×1)	Avion	 0.5168	 0.9118	 0.9765
Low-pass Filter (100,1)	Lena	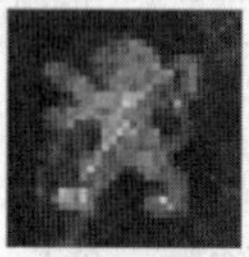 0.5477	 0.8901	 0.9676
	Avion	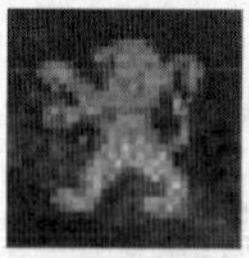 0.5855	 0.8622	 0.9586
Low-pass Filter (100,3)	Lena	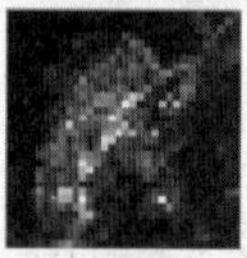 0.3818	 0.8809	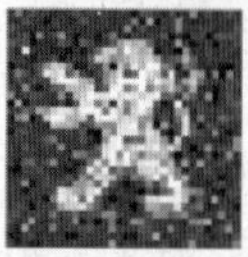 0.8980
	Avion	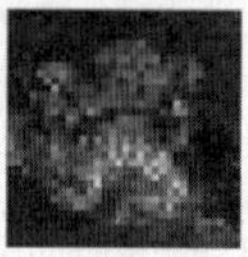 0.4650	 0.8431	 0.8686

图 8.8 （续）

图 8.9 不仅给出了锐化攻击的结果,而且也列出了模糊攻击的结果。在锐化攻击过程中,锐化半径分别是 0.2 和 1.0;在模糊攻击时,模糊半径分别是 0.2 和 1.0,实验结果表明所提算法要优于算法[131]和算法[165]。

Attack	Image	Golea et al. [131]	Yashar et al. [165]	Proposed
Sharpening (0.2)	Lena	 0.8481	 0.9999	 0.9999

图 8.9 锐化攻击、模糊攻击后利用不同方法所提取的水印

Sharpening (0.2)	Avion	 0.8503	 0.9959	 0.9999
Sharpening (1.0)	Lena	 0.7808	 0.8735	 0.9838
	Avion	 0.6256	 0.8648	 0.9662
Blurring (0.2)	Lena	 1.0000	 0.9912	 1.0000
	Avion	 0.5719	 0.9958	 0.9995
Blurring (1.0)	Lena	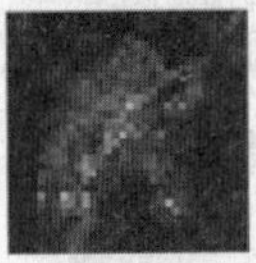 0.2702	 0.7573	 0.7111
	Avion	 0.1785	 0.7429	 0.6286

图 8.9　（续）

　　图 8.10 包含了缩放攻击和剪切攻击的比较结果。对含水印图像分别进行缩放比例是 400％和 25％的两种缩放攻击；在剪切攻击时，由于算法[131]中使用的数字水印没有进行置乱变换，故剪切的位置和大小将完全影响在剪切区域的水印，所提取的水印中有一个黑色区域，这意味着在这一区域的水印信息被剪切攻击完全移除。

Attack	Image	Golea et al. [131]	Yashar et al. [165]	Proposed
Scaling (4)	Lena	 0.8385	 0.9962	 0.9999
	Avion	 0.8689	 0.9959	 0.9999
Scaling (1/4)	Lena	 0.5698	 0.6124	 0.9838
	Avion	 0.6146	 0.8648	 0.9662
Cropping (25%)	Lena	 0.7380	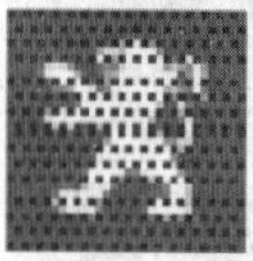 0.7586	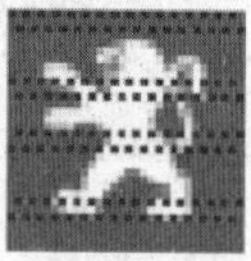 0.8772
	Avion	 0.7361	 0.7568	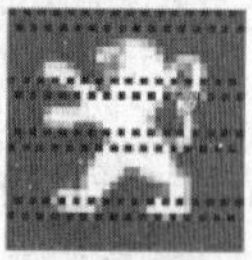 0.8770
Cropping (50%)	Lena	 0.5311	 0.5047	 0.6264
	Avion	 0.5331	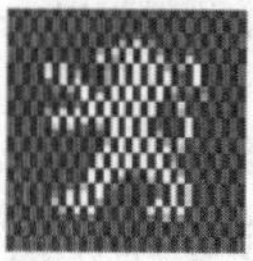 0.5024	 0.6264

图 8.10　缩放攻击、剪切攻击后利用不同方法所提取的水印

为了测试抵抗旋转攻击的鲁棒性,含水印的图像分别被顺时针旋转了 5°和 30°,如图 8.11 所示。在每一次旋转攻击中,首先将含水印图像顺时针旋转一定度数,然后逆时针旋转相同度数,然后进行裁剪、缩放操作得到 512×512 像素的图像,最后提取水印。这样的提取方法是为了尽量减少因旋转取舍而造成的图像质量下降。

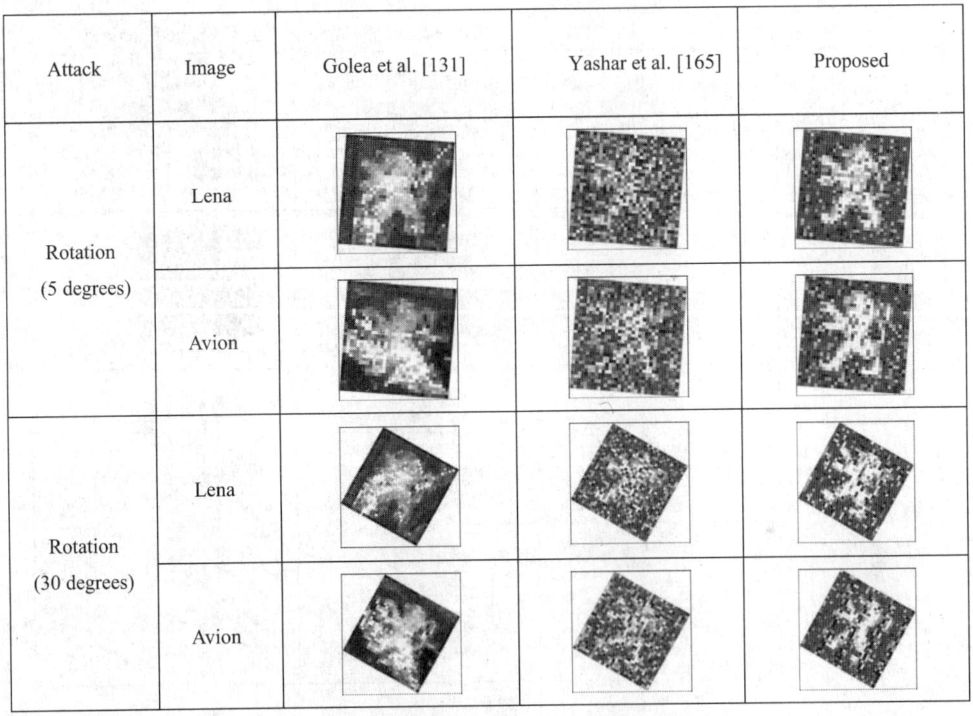

Attack	Image	Golea et al. [131]	Yashar et al. [165]	Proposed
Rotation (5 degrees)	Lena			
	Avion			
Rotation (30 degrees)	Lena			
	Avion			

图 8.11　旋转攻击后利用不同方法所提取的水印

8.4.4　与空域算法之间的比较

为了进一步证明算法的鲁棒性,所提算法也与空域算法[84]进行了比较。在空域算法中,通过修改每个像素的色彩量化索引来嵌入水印,而在提取水印时需要原始图像的量化表,无法实现盲提取的目的。

在文献[84]中,将图 7.3(c)和图 7.3(d)所示的两个彩色图像作为宿主图像,将图 7.3(f)

所示的 8 彩色图像作为彩色图像水印。为便于比较,本章采用与算法[84]相同的攻击方式、相同的宿主图像和水印图像进行实验。如图 8.12 所示的结果表明,本章算法具有较好的鲁棒性。这主要是由于各种攻击所造成像素颜色值的改变将直接影响原始颜色值和颜色表之间的映射关系,这将导致算法[84]提取水印的质量下降。

Image	Attack	Chou et al. [84]	Proposed method
Peppers	Low-pass filtering	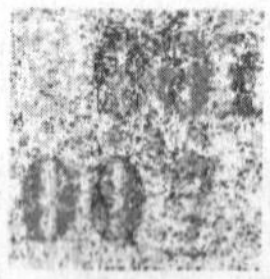 0.539	 0.9864
	Crop 50%	 0.553	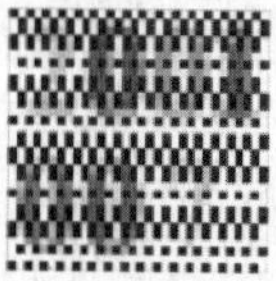 0.6238
	Scaling(1/4)	 0.536	 0.9659
	Scaling(4)	 0.851	 0.9965
	Rotation(3 degrees)		
	JPEG(27.5:1)	0.343	 0.9963

图 8.12 利用不同方法从不同含水印图像中所提取的水印比较

TTU	Low-pass filtering		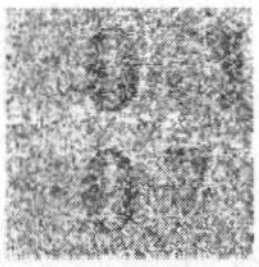 0.423		 0.9651
	Gaussian noise(4)		 0.982		 0.9678
	Median filter(3×3)		0.170		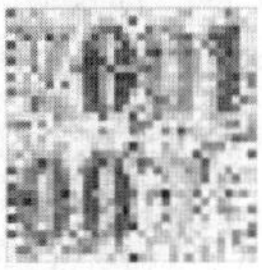 0.8039

图 8.12　（续）

8.4.5　不同算法之间的执行效率比较

本章在 Windows 7 系统下使用双核 2.27GHz CPU,2.00GB 内存的笔记本,并用 MATLAB 7.10.0 作为实验平台进行执行时间的统计比较。由表 8.2 可以看出,所提算法的嵌入时间和提取时间小于算法[131],这意味着 SVD 分解要比 QR 分解的要复杂,原因是 QR 分解是 SVD 分解的中间步骤。同时,所提算法的嵌入或提取时间也小于算法[84],这是因为算法[84]中的原始图像需要转换到 CIE-Lab 空间进行色彩量化,空间逆变换也需要一定的时间;另外,算法[165]中不但涉及 QR 分解,而且还有 Wavelet 变换,本章算法只用 QR 分解,故其耗时最少。

表 8.2　不同算法的执行时间比较　　　　　　　　　　（单位：s）

Method	Embedding time	Extraction time	Total time
Golea et al. [131]	1.909 066	0.905 951	2.815 017
Chou et al. [84]	1.406 568	1.105 751	2.512 319
Yashar et al. [165]	0.913 247	0.455 445	1.368 692
Proposed method	0.686 992	0.427 006	1.113 998

8.5　本　章　小　结

　　本章提出了一种基于 QR 分解的嵌入彩色图像水印到彩色宿主图像的算法,通过对每个选定的像素块进行 QR 分解,并对矩阵 R 的第一行第四列元素的量化来嵌入水印信息。提取水印过程中,不需要原始宿主图像或原始水印图像。实验结果表明,该方案不但满足水印性能的基本要求,而且算法耗时少,具有很高的执行效率。

第9章 基于 Hessenberg 分解的双彩色图像盲水印算法研究

研究设计盲提取的双彩色图像水印算法始终是一种挑战性的工作,它不同于现有的大多数将二值图像或灰度图像作为数字水印。本章分析了 Hessenberg 矩阵的特点,并提出一种基于 Hessenberg 分解的彩色图像水印算法。通过系数量化技术将加密的彩色图像水印信息嵌入 Hessenberg 矩阵的最大系数中,提取水印时不需要原始宿主图像或原始水印图像的参与。实验结果所提出的水印算法在水印不可见性、鲁棒性和时间复杂度方面具有较好的水印性能。

9.1 引　　言

随着 Internet 和多媒体技术的快速发展,非法复制、篡改、恶意篡改版权保护等已越来越成为一项严重问题,这就迫切需要一种技术来阻止这种现象的发生。数字水印技术被视为一种有效的方法来解决这个问题[167]。数字水印的本质是在宿主媒体中(例如,视频、图像、音频或文本)隐藏有意义的信号以证明宿主媒体的版权信息[168]。

最近,彩色图像水印技术已成为信息隐藏领域研究的热点之一[39,43,56,169-172]。其中,FindIk 等人[39]利用人工免疫认知系统(Artificial Immune Recognition System,AIRS)将 32×32 像素的二值图像嵌入大小为 510×510 像素的彩色图像的蓝色分量,该方法具有较好的水印性能。Niu 等人[169]基于支持向量机(Support Vector Regression,SVR)和下采样的轮廓波变换(Non-Subsampled Contourlet Transform,NSCT)提出一种抗几何攻击的彩色图像水印算法,将 32×32 像素的二值图像嵌入彩色宿主图像的绿色分量,其嵌入强度是由人眼视觉系统(Human Visual System,HVS)决定的。Vahedi 等人[43]利用使用仿生优化原则,提出了一种新的彩色图像小波水印方法,把 64×64 像素的二值水印嵌入大小为 512×512 像素的彩色图像中。Wang 等人[172]提出在四元数傅里叶变换域中,将大小为 64×64 像素的二值图像嵌入 256×256 像素的盲彩色图像水印方法,该算法的执行时间因需要运算最小二乘支持向量机回归模型(Least Squares Support Vector Machine,LS-SVM)而增长。在前面提到的算法中都是用二值图像作为水印。Shao 等人[170]提出基于四元数的联合加密/水印系统,在该算法中将大小为 64×64 像素的彩色图像或灰度图像用作水印,将大小 512×512 像素的彩色图像作为宿主图像。然而,这种方法因为需要宿主图像的变换系数而属于非盲水印。Chen 等人[40]提出了一种新的多图像加密和水印技术,一些灰色的图像水印被嵌入彩色图像的三个通道上,通过邻像素值加法和减法算法来实现盲水印。通过前面的讨论可以看到,大多数情况下当使用彩色图像作为宿主图像时,嵌入的水印是二进制图像或灰度图像。

最近,很多学者提出一些基于矩阵分解的数字水印算法[33,131,137,165,166,171-176]。其中,Guo 等人[171]提出嵌入一个与宿主图像同样大小的灰度水印图像到宿主图像的奇异值矩阵中,该奇异值通过冗余离散小波变换和奇异值分解得到,并且,因为在提取水印时,需要宿主图像的主成分。所以该方法是非盲水印方案。Lai[33]提出基于 HVS 和奇异值分解的一种新型水印算法,它通过修改某些系数的矩阵 $\mathbf{U}$,将二值水印嵌入大小为 512×512 像素的灰度图像中。这种方法在抗噪声,剪切和中值滤波中性能更好,但是,在抗旋转和缩放的方面,有虚警检测问题。虽然文献[131]提出一个彩色图像盲水印算法,为保持奇异值的有序性需要修改一个或多个奇异值,这可能会降低水印图像质量。Bhatnagar 等人[137]将大小为 256×256 像素灰度水印嵌入 512×512 的灰度图像,该方法属于非盲水印方法和虚警检测问题。Naderahmadian 等人[173]提出了一种基于 QR 分解的灰度图像水印算法,结果表明这种方法具有较低的计算复杂度和较好的水印性能,但嵌入的水印是 32×32 像素的二值标志。基于 Hessenberg 分解理论,文献[174]把 64×64 像素的灰度图像嵌入 256×256 像素灰度图像,该算法属于非盲法。Seddik 等人[175]提出了一种利用 Hessenberg 分解的盲水印方法,此方法中宿主图像是灰度图像。Yashar 等人[165]提出将 8×8 像素图像块经 QR 分解并获得 $\mathbf{R}$ 矩阵,然后将一位水印信息嵌入在 $\mathbf{R}$ 矩阵的第一行所有元素,最终可嵌入的是 88×88 像素的二值水印图像。在文献[166],将 32×32 像素二值图像嵌入 QR 分解的 $\mathbf{Q}$ 矩阵元素中。可以看出,在文献[165]或文献[166],二值图像被作为原始水印。

众所周知,由于许多公司徽标或商标是彩色图像的,使用这些彩色图像来保护版权是一个迫切需要考虑的问题。用 24 位彩色图像的作为数字水印,其信息量是相同大小二值图像的 24 倍,是灰度图像的 8 倍,从而影响水印质量。在我们之前的研究工作[167]和[176]中,提出基于 QR 分解的两个不同的水印方案,虽然提出的算法[176]比算法[167]有更好的性能,但这些方法的计算复杂度较高。从理论上讲,SVD 或 Schur 分解的时间复杂度要高于 QR 分解,并且 Hessenberg 分解也是 QR 分解的一个中间步骤。因此,Hessenberg 分解比其他的分解方法计算复杂度低,可以用来进一步研究数字水印技术。

　　基于上述讨论,本章提出一种新的基于 Hessenberg 分解的双彩色图像盲水印算法。通过进一步分析 Hessenberg 分解,在执行 Hessenberg 分解 4×4 像素矩阵中,发现 Hessenberg 矩阵的最大能量元素可以被量化嵌入水印。实验结果表明,本章提出的盲水印算法不仅具有较好的不可见性和较强的鲁棒性,而且具有较低的算法执行时间。

9.2　图像块的 Hessenberg 分解

　　Hessenberg 分解[174,177]是通过正交相似变换把一般矩阵 A 进行正交分解。

$$A = QHQ^{\mathrm{T}} \tag{9-1}$$

其中,Q 是正交矩阵和 H 是上 Hessenberg 矩阵,这意味着每当 $i > j+1$ 时,Hessenberg 分解通常是通过 Householder 矩阵计算。Householder 矩阵(P)是一个正交矩阵,即

$$P = (I_n - 2uu^{\mathrm{T}})/u^{\mathrm{T}}u \tag{9-2}$$

其中,u 是一个在 R^n 上的非零矢量;I_n 是 $n \times n$ 阶单位矩阵。当矩阵 A 是 $n \times n$ 大小时,整个程序有 $n-2$ 步。因此,Hessenberg 分解可表示为

$$H = (P_1 P_2 \cdots P_{n-3} P_{n-2})^{\mathrm{T}} A (P_1 P_2 \cdots P_{n-3} P_{n-2}) \tag{9-3}$$

$$\Rightarrow H = Q^{\mathrm{T}} A Q \tag{9-4}$$

$$\Rightarrow A = QHQ^{\mathrm{T}} \tag{9-5}$$

其中,$Q = P_1 P_2 \cdots P_{n-3} P_{n-2}$。

　　例如,设如下式 4×4 矩阵 A 所示的是一个原始像素块:

$$A = \begin{bmatrix} 80 & 91 & 91 & 95 \\ 83 & 89 & 88 & 96 \\ 90 & 89 & 89 & 96 \\ 96 & 93 & 88 & 95 \end{bmatrix} \tag{9-6}$$

当矩阵 **A** 用 Hessenberg 分解，其分解正交矩阵 **Q** 和上 Hessenberg 矩阵 **H** 给出如下：

$$Q = \begin{bmatrix} 1 & 0 & 0 & 0 \\ 0 & -0.5335 & 0.7622 & 0.3667 \\ 0 & -0.5785 & -0.0125 & -0.8156 \\ 0 & -0.6170 & -0.6473 & 0.4476 \end{bmatrix} \tag{9-7}$$

$$H = \begin{bmatrix} 80.0000 & -159.8089 & 6.7321 & 1.6707 \\ -155.5796 & 273.8047 & -10.2233 & -6.7820 \\ 0 & -15.1564 & -1.9211 & -0.2571 \\ 0 & 0 & 1.6583 & 1.1164 \end{bmatrix} \tag{9-8}$$

在上述 Hessenberg 矩阵 **H** 中，其含有最大能量的系数 273.8047 通过适当的修改可以用来嵌入水印信息。

9.3　算法实现

算法实现主要包括水印嵌入与水印提取两个过程，下面依次介绍这两个过程的具体实现。

9.3.1　水印嵌入

图 9.1 说明了基于 Hessenberg 分解水印嵌入方案，详细的嵌入步骤如下。

1. 将彩色图像转化成二值信息

首先，把大小为 $p \times q$ 原始彩色图像水印图像 W 通过降维处理，分成三个二维水印分量 R、G、B；然后，将每个二维水印分量进行基于私钥 $K_{A_i}(i=1,2,3)$ 的 Arnold 变换以提高水印的安全性[159]；随后，把每个像素值转换为 8 位二进制序列；最后，将所有的 8 位二进制序列组合成二值序列 $W_i(i=1,2,3)$。

2. 宿主图像的预处理

嵌入水印时，宿主图像 I 也分成 R、G 和 B 三个分量图像，表示为 $I_j(j=1,2,3)$，每个分量图像 I_j 进一步可以分为 4×4 大小的非重叠的像素块。

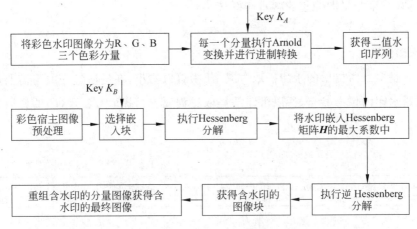

图 9.1　水印嵌入过程图

3. 选择随机块嵌入水印

为了提高该方法的鲁棒性和安全性,用于基于私钥为 $K_{B_i}(i=1,2,3)$ 的 MD5 哈希伪随机置换算法随机选择嵌入块[129]。

4. 进行 Hessenberg 分解

根据式(9-1),每个嵌入块根据 Hessenberg 分解得到 Hessenberg 矩阵 $\boldsymbol{H}$。

5. 嵌入水印

查找 Hessenberg 矩阵 $\boldsymbol{H}$ 中的最大能量元素 $h_{\max}$,然后使用式(9-9),通过修改 $h_{\max}$ 嵌入水印 w 到选定的块。

$$h_{\max}^* = \begin{cases} h_{\max} - \mathrm{mod}\ (h_{\max}, T) + 0.75 * T & \text{if}\quad w = \text{'1'} \\ h_{\max} - \mathrm{mod}\ (h_{\max}, T) + 0.25 * T & \text{if}\quad w = \text{'0'} \end{cases} \tag{9-9}$$

其中,mod(.)是取余操作函数;T 是阈值。

6. 行逆 Hessenberg 操作

利用式(9-10)进行逆 Hessenberg 操作,获得含水印图像块 $\boldsymbol{A}^*$。

$$\boldsymbol{A}^* = \boldsymbol{Q}\boldsymbol{H}^* \boldsymbol{Q}^{\mathrm{T}} \tag{9-10}$$

7. 重复

重复上述 4～6 步,直到所有的水印信息嵌入在三个分量图像 $I_j(j=1,2,3)$。最后,组合 R、G、B 三个分量图像重建含水印图像 $I*$。

9.3.2 水印提取

图 9.2 是本章所提出的水印提取方案,从中可以看出,在提取过程中不需要原始宿主图像或原始水印图像的参与,所以水印的提取过程属于盲提取方法,水印的提取过程具体详述如下。

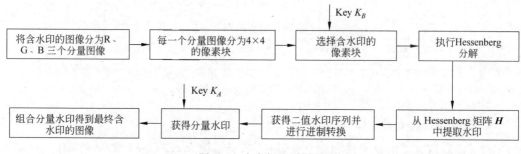

图 9.2 水印提取过程图

1. 预处理含水印图像

首先,将含水印图像 $I*$ 分为 R、G、B 三个分量图像,然后将每个分量图像进一步分成 4×4 大小的非重叠的像素块。

2. 选择含水印的图像块

基于私钥为 $K_{B_i}(i=1,2,3)$ 的 MD5 哈希伪随机置换算法选取含水印的图像块。

3. 执行逆 Hessenberg 操作

根据式(9-1),将每个嵌入块进行 Hessenberg 分解并得到其 Hessenberg 矩阵 $\boldsymbol{H}$。

4. 水印提取

查找 Hessenberg 矩阵 $\boldsymbol{H}^*$ 的最大能量元素 $h_{\max}^*$,然后使用式(9-11)提取水印信息 W^*。

$$W^* = \begin{cases} \text{'0'} & if \quad \mathrm{mod}(h_{\max}^*, T) < 0.5*T \\ \text{'1'} & \text{else} \end{cases} \tag{9-11}$$

重复上述 2~4 步直到提取所有水印为止。

5. 获取分量水印

把这些提取的信息 W^* 按照每 8 位一组进行分解，并转换为十进制的像素值，然后形成分量水印 W_j^* $(j=1,2,3)$。

6. 形成最终的水印

将每个分量水印进行基于私钥 K_{A_i} $(i=1,2,3)$ 的逆 Arnold 变换，并结合成最终提取的水印 W^*。

9.4　算法测试与结果分析

水印算法的性能主要通过水印不可见性、鲁棒性、水印容量和计算复杂度来衡量。为了验证所提出算法的水印性能，本实验所用的 24 位 512×512 像素彩色宿主图像来自大型图像数据库 CVG-UGR，并且用图 9.3 所示的两个大小为 32×32 像素的 24 位彩色图像用作最初的水印。为相对公平地比较，图 9.4 所示的用于文献[131,176]的宿主图像采用于本实验进行比较，用配置为 Intel CPU 2.27GHz，2.00GB RAM，Windows 7，MATLAB 7.10.0 的双核笔记本电脑作为实验平台。

(a) PEUGEOT 标志　(b) 8彩色图像

图 9.3　水印图像

(a) Lena　　(b) Avion　　(c) Peppers　　(d) House

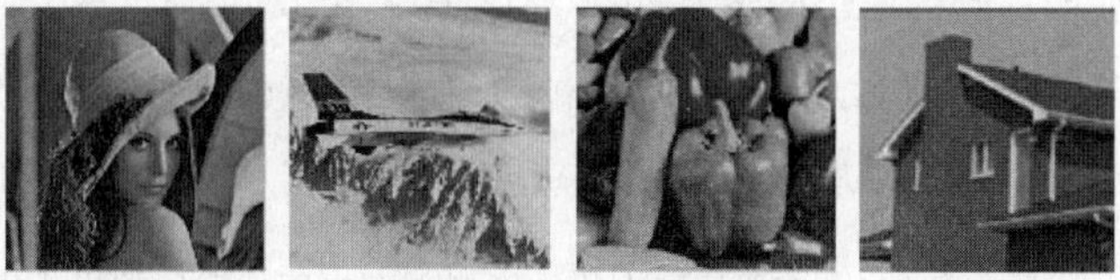

图 9.4　宿主图像

为了评价水印的不可见性，本章不仅使用了传统度量指标峰值信噪比（PSNR），而且把结构相似性指数（SSIM）也作为一种新的方法来衡量原始彩色图像 I 和水印图像之间的相似 I^*。

在该算法中，量化步长的选择起着重要的作用。为了确定量化步长 T，我们用许多标准图像进行重复实验。如从图 9.5 可以看出，当量化步长增大时，SSIM 值降低但 NC 值增大，即水印的不可感知性越来越差，水印的鲁棒性越来越强。考虑到不可见性和水印的鲁棒性之间的权衡,量化步长设置为 65。需要说明的是,图 9.5 中的 NC 值是所有攻击的水印图像中提取水印的平均 NC。

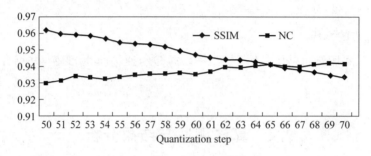

图 9.5　不同量化步长下的水印不可见性与鲁棒性变化结果

9.4.1　水印不可见性测试

一般来说,一个含有较大的 PSNR 或 SSIM 的含水印图像表明含水印图像更加相像于原始宿主图像,这意味着水印算法具有较好的水印不可见性。较大的归一化互相关系数(NC)表明提取的水印与原始水印更相似,算法更具有鲁棒性。在本章所提出的算法中,将前面提到的彩色图像水印以量化步 T 为 65 嵌入 CVG-UGR 图像数据库中的所有的 24 位 512×512 像素彩色图像。表 9.1 不仅给出所有含水印图像的平均 PSNR 和 SSIM 值,而且也给出所有提取水印图像的平均 NC 值,显示了水印图像可以很好地隐藏到宿主图像。

表 9.1　使用不同水印图像嵌入宿主图像后所提出水印的平均 PSNR、SSIM 和 NC 值

数 字 水 印	PSNR(dB)	SSIM	NC
图 9.3(a)	37.3922	0.9426	0.9984
图 9.3(b)	37.5258	0.9438	0.9979

为了进一步探讨该算法的水印不可见性,将采用不同的宿主图像和不同的水印图像与文献[131,165,166,176]中的方法进行比较。由图 9.6 可以看出,文献[166]所提出基于 QR 分解的水印算法无法提取原始的水印,且不能满足水印的不可见性要求,故该算法不适合彩色图像水印嵌入彩色宿主图像。相对而言,其他算法具有较好的不可感知性。

显然,本章所提算法不仅满足水印不可见性要求也有效地提取所嵌入的水印。为了进一步证明所提算法的鲁棒性,在下面的小节,我们把它与文献[131,165,176]中的方法进行比较。

Method	Golea et al. [131]	Yashar et al. [165]	Song et al. [166]	Su et al. [176]	Proposed
Watermarked image (PSNR(dB) /SSIM)	 39.4358/0.9935	 41.3529/0.9767	 22.5616/0.6332	 35.3521/0.9589	 35.3947/0.9371
Extracted watermark (NC)	 1.0000	 1.0000	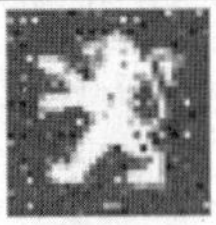 0.9457	 1.0000	 1.0000
Watermarked image (PSNR(dB) /SSIM)	 38.3922/0.9540	 41.4073/0.9755	 20.4106/0.5411	 36.3160/0.9256	 35.4429/0.9321
Extracted watermark (NC)	 0.9949	 1.0000	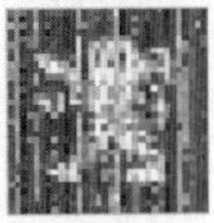 0.8912	 1.0000	 1.0000
Watermarked image (PSNR(dB) /SSIM)	 34.4587/0.9279	 41.3701/0.9631	 23.2864/0.7111	 36.6869/0.9682	 35.363/0.9342
Extracted watermark (NC)	 0.9801	 0.9967	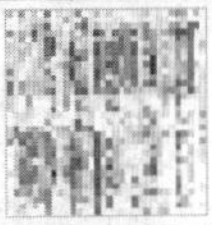 0.9293	 1.0000	 1.0000

图 9.6　无攻击情况下含水印图像和所提取的水印比较

Watermarked image (PSNR(dB) /SSIM)					
34.4806/0.9970	34.4642/0.9154	25.6319/0.9249	34.4806/0.9970	35.6319/0.9249
Extracted watermark (NC)				
0.9919	0.9947	0.9262	1.0000	1.0000

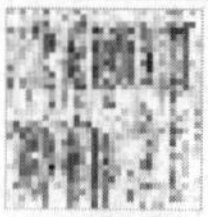

图 9.6 （续）

9.4.2 水印鲁棒性测试

为了进一步验证本章算法的鲁棒性,采用多种攻击(如图像压缩、剪切、添加噪声、缩放、滤波、模糊等)对含水印图像进行攻击,并将该算法与文献[131,165,176]中的算法进行比较。为了节省一些空间,图 9.7 和图 9.8 分别显示从被攻击后的宿主图像 Lena、Avion 中提取图 9.3(a)所示水印的结果,实验结果表明,在大多数攻击测试中该算法的鲁棒性要优于文献[131,165,176]中的算法。

Attack	Scheme [131]	Scheme [165]	Scheme [176]	Proposed
JPEG(30)	 0.6531	 0.8085	 0.7530	 0.9486
JPEG2000 (5:1)	 0.9390	 0.9949	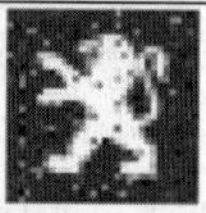 0.9836	 0.9978
Salt & Peppers noise (0.02)	 0.5698	 0.8093	 0.9904	 0.9658

图 9.7 在不同攻击后从含水印图像 Lena 中提取的水印结果

Gaussian noise (0.1)	 0.8600	 0.7084	 0.8558	 0.9590
Median filter (5×1)	 0.5019	 0.8578	 0.8812	 0.9626
Low-pass Filter (100,1)	 0.5477	 0.8901	 0.9483	 0.9666
Sharpening (1.0)	 0.7808	 0.8735	 0.9974	 0.9998
Blurring (0.2)	 1.0000	 0.9912	 1.0000	 1.0000
Scaling (4)	 0.8385	 0.9962	 0.9823	 0.9980
Cropping (50%)	 0.5331	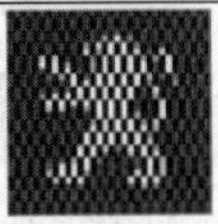 0.5047	 0.5702	 0.6319

图 9.7　（续）

Attack	Scheme [131]	Scheme [165]	Scheme [176]	Proposed
JPEG(30)	 0.8204	 0.8186	 0.8353	 0.9546
JPEG2000 (5:1)	 0.9375	 0.9959	 0.9936	 0.9913

图 9.8　在不同攻击后从含水印图像 Avion 中提取的水印结果

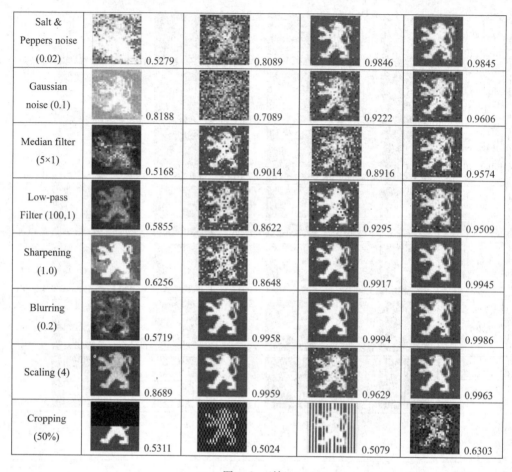

Salt & Peppers noise (0.02)	0.5279	0.8089	0.9846	0.9845
Gaussian noise (0.1)	0.8188	0.7089	0.9222	0.9606
Median filter (5×1)	0.5168	0.9014	0.8916	0.9574
Low-pass Filter (100,1)	0.5855	0.8622	0.9295	0.9509
Sharpening (1.0)	0.6256	0.8648	0.9917	0.9945
Blurring (0.2)	0.5719	0.9958	0.9994	0.9986
Scaling (4)	0.8689	0.9959	0.9629	0.9963
Cropping (50%)	0.5311	0.5024	0.5079	0.6303

图 9.8 （续）

9.4.3　水印嵌入量分析

　　表 9.2 显示了不同水印算法嵌入水印信息量的比较。在文献[131]、文献[176]中的算法以及本章所提出的方法中,嵌入的块大小都是 4×4,其水印容量为

$$(32 \times 32 \times 24)/(512 \times 512 \times 3) = 0.031\,25(\text{bit/pixel}) \tag{9-12}$$

　　因为在文献[165]中的图像分块大小是 8×8,所以文献[131]、文献[176]及所提出算法的水印嵌入量要高于文献[165]中算法的 0.029 54 位/像素。

表 9.2　不同算法的水印嵌入量比较

Method	Watermark Length(bit)	Host image(pixel)	bit/pixel
Golea et al. [131]	$32\times32\times24$	$512\times512\times3$	0.031 25
Yashar et al. [165]	88×88	512×512	0.029 54
Su et al. [176]	$32\times32\times24$	$512\times512\times3$	0.031 25
Proposed	$32\times32\times24$	$512\times512\times3$	0.031 25

9.4.4　算法执行时间的比较分析

由表 9.3 可以看出,由于 SVD 和 Schur 分解比 QR 分解更复杂,且 Hessenberg 分解是 QR 分解的一个中间步骤,故本章所提出的水印嵌入和提取的方法也低于文献[131]和文献[176]中的方法。同时,因为文献[165]中用到小波变换和 QR 分解方法,所以仅利用 Hessenberg 分解的本章算法可以花费较少的时间。

表 9.3　几种算法的执行时间比较　　　　　　　（单位：s）

Method	Embedding time	Extraction time	Total time
Scheme [131]	1.909 066	0.905 951	2.815 017
Scheme [165]	0.913 247	0.455 445	1.368 692
Scheme [176]	0.686 992	0.427 006	1.113 998
Proposed	0.566 331	0.320 511	0.886 842

9.5　本 章 小 结

本章提出了一种新的基于 Hessenberg 分解的双彩色图像盲水印算法。在对图像像素块进行 Hessenberg 分解的基础上,通过修改最大能量元素将彩色水印信息嵌入在 Hessenberg 矩阵 $\boldsymbol{H}$ 的最大元素。此外,在没有原始宿主图像或原始水印的帮助下,可以从被攻击的水印图像中成功提取所嵌入的水印。实验结果表明,本章提出的彩色图像数字水印算法不仅达到了水印不可见性的要求,而且对于常见的图像处理和几何攻击具有较强的鲁棒性。

第10章　总结与展望

10.1　总　　结

彩色图像数字水印技术不仅具有较强的应用价值与发展前景,其研究过程中的方法与技巧也为其他相关技术提供了有效借鉴。目前,该技术已成为信息安全领域研究的热点之一,尽管国内外的许多研究人员对该领域开展了卓有成效的工作,并取得许多有意义的研究和应用成果,但由于数字彩色图像本身所包含的信息量非常大,且目前的大部分算法多集中于非盲提取,这使得技术的研究也成为数字水印领域的难点之一。在保证彩色水印嵌入且不可见性的前提下,如何提高水印算法的鲁棒性和执行效率是一个关键的问题。

本书对目前基于彩色图像水印算法的研究现状进行了总结,在分析已有相关研究工作所存不足和缺陷的基础上,利用组合域技术、状态编码技术、基于图像块的矩阵分解等技术,从水印容量、水印不可性、鲁棒性、时间复杂度等角度入手对水印算法展开了比较深入的研究,取得了一些具有创新性的研究成果,对于推动和发挥数字水印在版权保护中的作用具有一定的理论意义和实际意义;当然,本书的研究工作仍然存在许多不足之处,这些都需要进一步改进和完善。

本书的主要研究工作如下。

(1) 提出了一种新的在空域中实现基于 DCT 变换的彩色图像水印算法。根据 DCT变换的原理,分析并利用其 DC 系数的形成过程,无须进行 DCT 变换而在空域就可计算出每一 8×8 分块的 DC 系数,同时利用系数量化技术将二值水印重复嵌入 4 次。盲提取水印后,根据"先选择后组合"及"少数服从多数"的原则决定最终的二值水印。该算法既具有空域算法效率高的优点,又具有变换域算法鲁棒性强的优点。

(2) 提出了一种新的基于整数小波变换和状态编码的双彩色水印算法。该算法既利用整数小波变换不存在舍入误差的特点，也利用了本书所提出的状态编码技术以非二进制信息形式来表示水印像素信息的特点。通过改变分组数据状态码的方法来嵌入水印，在提取水印时可以直接利用分组数据的状态码来求提取所嵌入水印信息。仿真结果表明，该算法能够保证大容量彩色水印信息的嵌入。

（3）提出了基于优化补偿的 SVD 双彩色水印算法。系统分析了 SVD 的特点，研究并提出了新的矩阵优化补偿的方案。嵌入水印时，将 4×4 像素块进行 SVD 分解，并将其 U 分量第二行第一列元素与第三行第一列元素进行修改来嵌入水印；然后，通过改进的优化方法来补偿含水印的像素块，以进一步提高水印的不可见性。提取水印时，直接利用含水印图像的 U 分量中元素之间的关系来决定所嵌入的水印。实验结果表明，该水印算法不但克服了 SVD 虚警检测的错误，而且具有较强的鲁棒性。

（4）提出了基于 Schur 分解的彩色图像盲水印算法。首先，研究了矩阵的 Schur 分解理论及图像矩阵块 Schur 分解后的特点。然后，通过修改系数之间的关系来嵌入水印并能够实现盲提取。实验结果表明，该算法在保证具有较强鲁棒性的前提下，其水印不可见性有显著的提高。

（5）提出了一种高效的基于 QR 分解的彩色图像盲水印算法。首先，对每个选定的 4×4 像素块进行 QR 分解，通过对矩阵 R 的第一行第四列元素的量化来嵌入水印信息，在提取水印过程中，不需要原始宿主图像和原始水印图像。仿真结果表明，该算法不但满足了水印性能的不可见性和鲁棒性要求，而且具有很高的执行效率。

（6）提出一种高不可见性的基于 Hessenberg 分解的彩色图像盲水印算法。其主要原理是对每个选定的 4×4 像素块进行 Hessenberg 分解，通过量化 Hessenberg 矩阵中的最大能量元素来嵌入水印信息，在提取水印过程中，不需要原始宿主图像和原始水印图像。仿真结果表明，该算法具有水印高不可见性的突出特点，其他性能也较好地满足了水印算法的需求。

10.2　展　　望

由于彩色图像数字盲水印技术研究涉及较多学科，理论难度较大，还有一些不完善的地方。相应技术在实际应用及进一步研究等方面还有很多工作要做，概括总结如下。

（1）提高算法的抗几何攻击能力。目前关于彩色图像的盲水印提取算法对常见的图像处理具有较强的鲁棒性，对于部分几何攻击（剪切、缩放）也具有很好的抵抗能力，但是需要进一步提高算法抵抗大角度旋转的攻击能力。

（2）提高算法的实用性。目前关于彩色图像的盲水印提取算法是建立在实验仿真的基础上，应该进一步优化算法性能，减少算法的时间复杂度，提高其实时性，以便于算法在软、硬件系统中的实现。

（3）扩展盲提取算法的研究对象。本书关于数字水印的盲提取算法主要以彩色图像为研究对象。如何借鉴本书水印算法，高效且实时地对视频、音频、动态图像等多媒体信息实现数字水印盲提取，是需要进一步研究的问题。

彩色图像数字盲水印技术涉及不同学科、不同理论，具有较强的实用价值，给研究人员和工程技术人员带来许多新的挑战。本书虽然提出了一些初步的成果，但所提出算法还不够十分完善和成熟；同时，由于研究时间和作者自身理论知识的所限，本书存在的疏忽和不足之处，敬请各位专家和学者批评指正。在此表示诚挚的谢意！

附录 A 常用数字水印名词对照表

Absolute phase	绝对相位
Absolute shift	绝对偏移
Absolute value	绝对值
AC(Alternating Current)	交流
Adaptive encoding	自适应编码
Additive color synthesis	加色合成法
Affine transformation	仿射变换
AGNCM(Additive Gaussian Noise Channel Model)	加性高斯噪声信道模式
AIFF(Audio Interchange File Format)	音频交换文件格式
Algorithm	算法
All pole filter	全极点滤波器
Analog video	模拟视频
Analysis	分析
Analysis filter bank	分析滤波器组
Analysis synthesis methods	分析合成法
Anonymous	匿名
Arnold transform	Arnold 变换
Attacker	攻击者
Attenuation	衰减
Audio	音频
Audio psychoacoustic model	音频心理学模型
Authentication	认证

Authorization	授权者
Autocorrelation	自相关特性
Autocovariance	自协方差
Average absolute difference	平均绝对差
Average power	平均功率
Back propagation	反向传播
Basic attack	基本攻击
Benchmark	基准
Bi-directional frame	双向预测编码画面
Bi-model watermarks	双模水印
Binary	二进制
Binary image	二值图像
Binary wavelet filter	二值小波滤波器
Bit decomposition	位分解
Blind echo elimination	盲回声消除
Blind watermark	盲水印
Causal prediction	因果预测
CBIR(Content Based Image Retrieval)	基于内容的图像检索
Channel estimation error	信道估计误差
Chaotic sequence	混沌序列
Chaotic system	混沌系统
Chrominance	色调
Circular regions	圆域
Collage theorem	拼贴定律
Collusion	共谋
Collusion attack	共谋攻击
Color image	彩色图像

Comment	注释
Common attack	常规攻击
Communication channel	通信通道
Complex computation	复数计算
Compressed domain	压缩域算法
Compressed video stream	压缩视频流
Computational feasibility	计算有效性
Conjugate	共轭
Contract	合同
Contrast sensitivity threshold	对比度门限
Convex	凸的
Cooperative working session	远程合作会议
Copyright infringement	侵权
Copyright marking	版权标记
Copyright protection	版权保护
Correlation	相关
Correlation function	互相关函数
Correlation quality	互相关质量
Counterfeit	伪造
Cover message	载体信息
CPTWG(Copyright Protection Technique Working Group)	版权保护技术工作组
Critical bands	临界频带
Crop	剪切
Cross-correlation function	相关函数
Cryptograph	密文
CSF(Contrast Sensitivity Function)	对比度敏感度函数
CT(Computed Tomography)	计算机断层层析成像

Data hiding capacity	数据隐藏容量
DB(Decibels)	分贝
DC(Direct Current)	直流
DCT(Discrete Cosine Transform)	离散余弦函数
DCT transform domain	DCT 变换域
DE(Difference Expansion)	差值扩展
Deadlock	死锁
Degradation	退色
Degree of certainty	置信度
Degree of homogeneity	均匀度
Delay	延时
Deliver	传递
DES(Data Encryption Standard)	数据加密标准
Detect threshold	检测门限
Detecting algorithm	检测算法
Detector	检测器
Deviation	偏差
DEW(Differential Energy Watermarking)	差分能量水印
DFT(Discrete Fourier Transform)	离散傅里叶变换
DHSG(Data Hiding Sub-Group)	数据隐藏小组
Difference distortion metric	差分度量
Differentia entropy	微分熵
Digital audio	数字音频
Digital signal processing	数字信号处理
Digital signature	数字签名
Digital video	数字视频
Digital watermarking	数字水印

Dimension matching	维数匹配
Discrete memory-less channel	离散无记忆通道
Distortion	畸变
Dither modulation	扰动调制
Document	文档
DSSS(Direct Sequence Spread Spectrum)	直接序列扩频
DTS(Digital Time Stamps)	时间戳
DVD(Digital Video Disk)	数码影碟
DWT(Discrete Wavelet Transform)	离散小波变换
E-business	电子商务
Echo	回声
Echo encoding	回声编码
Edge	边缘
Edge masking	边缘掩蔽
Electronic watermark	电子水印
Embedding	嵌入
Embedding algorithm	嵌入算法
Encoding	编码
Encrypted data	密码
Entropy encoder	熵编码器
Equalizer	均衡器
Error accumulation	误差累计
Error correcting code	纠错编码
Error estimation	误差估计
Exacting	提取
Exacting algorithm	提取算法
Exhaustive search attack	穷尽攻击法

Expectation	期望
False alarm probability	虚警概率
False-negative detection	漏检
False-positive detection	虚检
Feasibility	可行性
FFT transform domain	FFT 变换域
Filter	滤波器
Final scale information	细节分量
Fingerprint	指纹
Fractal	分形
Fractal transform	分型变换
Fragile watermarking	易碎水印
Frame sequence	帧序列
Frequency characteristic	频率特性
Frequency masking	频率掩蔽
Gaussian noise	高斯噪声
Gaussian white noise	高斯白噪声
GC(Grid Computing)	网络计算
Generalized geometrical transformations	广义几何变形
Generalized Gray-code transform	广义 Gray 码变换
Geometric attack	几何攻击
Geometric deformation	几何变形
GGD(General Gauss Distribution)	广义高斯分布
Global sigma signal to noise ratio	全局西格玛方差信噪比
GOP(Group of Pictures)	图片组
Gray image	灰度图像
Gray value	灰度值

Group delay distortion	群延时失真
HAS(Human Auditory System)	人类听觉系统
Hash	杂凑值
Hidden auxiliary channel	隐蔽附加信道
High correlation	高度相关性
High quality image	高质量图像
Hilbert curve	Hilbert 曲线
Histogram equalization	直方图均衡
Histogram similarity	直方图相似性
Host image	宿主图像
Huffman coding	霍夫曼编码
Human auditory characteristic	人类听觉特性
HVS(Human Visual System)	人类视觉系统
Hybrid coding	混合编码
Identification Code	标志码
Identify	鉴定
Image authentication	图像认证
Image blurring	图像模糊
Image fidelity	图像保真度
Image processing	图像处理
Image sharpen	图像锐化
Inaudible	不可听
Information hiding	信息隐藏
Intellectual property right	知识产权
Interfere	干扰
Intra-coded frame	帧内编码画面
Invisibility	不可见性

Luminance(Brightness)	亮度
M sequence	M 序列
Macro block	宏块
MAE(Mean Absolute Error)	平均绝对误差
MAP(Maximum a Posteriori Probability)	最大后验概率
Masker	掩蔽者
Masking	隐蔽性
Masking grid	掩蔽栅格
Masking object	隐蔽对象
Matrix	矩阵
Matrix decomposition	矩阵分解
Maximum difference	最大差
Maximum likelihood detector	最大似然检测
MDCT(Modified Discrete Cosine Transform)	修正离散余弦变换
Mean square error	均方误差
Meaningful watermarking	有意义水印
Media	媒体
Median filtering	中值滤波
Mesh watermarking	网格水印
Message Authentication Code	消息认证码
Methods of sample and quantization	采样量化方法
Miss probability	漏报概率
Modify	修改
Motion compensation	运动补偿
Motion vector	运动矢量
MPSNR(Masked Peak Signal to Noise Ratio)	掩蔽峰值信噪比
Multimedia	多媒体

PDF(Probability Density Function)	概率分布函数
Peak signal to noise ratio	峰值信噪比
Perceptual similarity	感知相似性
Perceptual threshold	感知门限
Periodical sequence	周期序列
Phase dispersion	相位离差
Phase encoding	相位编码
Pixel	像素
Playback	回放
Post-masking	向后掩蔽
Powder spectral density	功率谱密度函数
Power spectral density	功率谱
Predictive coding	预测编码
Predictive error	预测误差
Pre-masking	向前掩蔽
Private	所有权
Probability spectrum density	概率谱密度
Product dependency	产品依赖性
Progressive weighting	渐变加权
Proof or forgery	防伪
Pseudorandom	伪随机
Pseudorandom noise pattern	伪随机噪声图案
Pseudorandom number generator	伪随机数发生器
PSNR(Peak Signal to Noise Ratio)	峰值信噪比
Pyramid structure	金字塔结构
QIM(Quantization Index Modulation)	量化索引调制
Quality factor	质量因子

Scrambling	置乱
Secret information	秘密信息
Security	安全性
Seed	种子
Segmentation	分割
Semi blind watermarking	半盲水印
Sensitive index	敏感指数
Sensitivity dependency	敏感依赖性
Serial number	序列号
Sign correlation detector	符号相关检测器
Signal patch	信号拼接
Signal processing	信号处理
Signal to noise ratio	信噪比
Simultaneous masking	同时掩蔽
SOFM(Serf-Organization Feature Map)	自组织映射
Space-Scale Analysis	空间-尺度分析
Spatial domain	空域
Spatial masking effect	空间域掩蔽效应
Speech coding	语音编码
Spread spectrum coding	扩频编码
Spread spectrum communication	扩频通信
Spread spectrum modulation	扩频调制
SSIM(Structural Similarity Index Metrics)	结构相似度度量
Standard deviation	标准差
Standardization	标准化
State coding	状态编码
Statistical decision	统计决策

Twin peaks attack	双峰攻击
Uncertainty	不确定性
Uniform with either high or low intensity	低亮度或高亮度均匀的
Uniform with moderate intensity	中等亮度均匀的
Upper bound	上界
Variance	方差
VCD(Video Compact Disc)	视频压缩光盘
VDB(Visual Decibels)	视觉分贝数
Vector quantization coding	矢量量化编码
Vector-valued pixel	像素向量
Video	视频
Video player	视频播放器
Visible watermarking	可见水印
VLC(Variable Length Code)	变长码
Volume data	体数据
Watermark identification	水印识别
Watermark validity	水印有效性
Watermark verification	水印检验
Watermarking carrier	水印载体
Wavelet analysis	小波分析
Wavelet transform domain	小波变换域
Wavelet zero trees coding	小波零数编码
Weighted coefficient	加权系数
White noise signal	白噪声信号
Word shift encoding	字移编码
Xeroxing	复印
Zero-cross-inserts	零插值

参 考 文 献

[1] 王炳锡,陈琦,邓峰森. 数字水印技术[M]. 西安:西安电子科技大学出版社,2003.

[2] 孙圣和,陆哲明,牛夏牧. 数字水印技术及应用[M]. 北京:科学出版社,2004.

[3] Cox I J,Miller M L,Bloom J A 著. 数字水印[M]. 王颖,黄志蓓,等,译. 北京:电子工业出版社,2003.

[4] Lu C S. Multimedia security:steganography and digital watermarking techniques for protection of intellectual property [M]. Northern California:IDEA GROUP PUBLISHING IDEA GROUP PUBLISHING,2005.

[5] 陈明奇,钮心忻,杨义先. 数字水印的研究进展和应用[J]. 通信学报,2001,22(5):71-79.

[6] 金喜子. 基于 DCT 域数字水印算法研究[D]. 长春:吉林大学,2011.

[7] Shikata J,Matsumoto T. Unconditionally secure steganography against active attacks [J]. IEEE Transactions on Information Theory,2008,54(6):2690-2705.

[8] 王道顺,梁敬弘,戴一奇,等. 图像水印系统有效性的评价框架[J]. 计算机学报,2003,26(7):779-788.

[9] Rastegar S,Namazi F,Yaghmaie K,et al. Hybrid watermarking algorithm based on Singular Value Decomposition and Radon transform [J]. AEU-International Journal of Electronics and Communications,2011,65(7):658-663.

[10] Holliman M,Memon N. Counterfeiting attacks on oblivious block-wise independent invisible watermarking schemes [J]. IEEE Transactions on Image Processing,2000,9(3):432-441.

[11] Lin C Y,Chang S F. Watermarking capacity of digital images based on domain-specific masking effects[C]// International Conference on Information Technology:Coding and Computing,April 2-4,2001,Las Vegas,NV,c2001:90-94.

[12] Zeng W,Liu B. A statistical watermark detection technique without using original images for resolving rightful ownerships of digital images [J]. IEEE Transactions on Image Processing,1999,8(11):1534-1548.

[13] Wong P W. A public key watermark for image verification and authentication [C]// International Conference on Image Processing,Octobor 4-7,1998,Chicago,c1998:455-459.

[14] Fridrich J,Goljan M. Images with self-correcting capabilities [C]// International Conference on Image Processing,October 24-28,1999,Kobe,c1999：792-796.

[15] Yin P,Yu H H. A semi-fragile watermarking system for MPEG video authentication [C]// IEEE International Conference on Acoustics,Speech,and Signal Processing,May 13-17,2002,Orlando,FL,USA,c2002：IV 3461-3464.

[16] Sun Q,Chang S F,Maeno K,et al. A new semi-fragile image authentication framework combining ECC and PKI infrastructures [C]// IEEE International Symposium on Circuits and Systems,May 26-29,2002,Phoenix-Scottsdale,AZ,c2002：440-443.

[17] Jafri S A R,Baqai S. Robust digital watermarking for wavelet-based compression [C]// The 9th IEEE Workshop on Multimedia Signal Processing,October 1-3,2007,Crete,c2007：377-380.

[18] Campisi P,Kundur D,Neri A. Robust digital watermarking in the ridgelet domain [J]. IEEE Signal Processing Letters,2004,11(10)：826-830.

[19] Braudaway G W,Magerlein K A,Mintzer F C. Protecting publicly available images with a visible image watermark [C]// Electronic Imaging：Science & Technology. International Society for Optics and Photonics,c1996：126-133.

[20] IBM Digital Library [OL].(2002) http：//www. software. ibm. com/is/dig-lib.

[21] Hsu C T,Wu J L. Hidden digital watermarks in images [J]. IEEE Transactions on Image Processing,1999,8(1)：58-68.

[22] Barni M,Bartolini F,Rosa A D,et al. Optimum decoding and detection of multiplicative watermarks[J]. IEEE Transactions on Signal Processing,2003,51(4)：1118-1123.

[23] Serdean C V,Ambroze M A,Tomlinson M,et al. DWT-based high-capacity blind video watermarking,invariant to geometrical attacks [J]. IEEE Proceedings Vision,Image and Signal Processing,2003,150(1)：51-58.

[24] Huang H C,Wang F H,Pan J S. Efficient and robust watermarking algorithm with vector quantisation [J]. IEEE Electronics Letters,2001,37(13)：826-828.

[25] 曾高荣,裴正定,章春娥. 失真补偿量化索引调制水印的性能分析[J]. 电子与信息学报,2010,32(1)：86-91.

[26] Yeo I K,Kim H J. Modified patchwork algorithm：a novel audio watermarking scheme [J]. IEEE Transactions on Speech and Audio Processing,2003,11(4)：381-386.

[27] Hartung F, Ramme F. Digital rights management and watermarking of multimedia content for commerce applications [J]. IEEE Communications Magazine,2000,38(11): 80-84.

[28] Lemma A N, Aprea J, Oomen W, et al. A temporal domain audio watermarking technique [J]. IEEE Transactions on Signal Processing,2003,51(4): 1088-1097.

[29] Xiang Y, Natgunanathan I, Peng D, et al. A dual-channel time-spread echo method for audio watermarking [J]. IEEE Transactions on Information Forensics and Security, 2012, 7 (2): 383-392.

[30] Giakoumaki A, Pavlopoulos S, Koutsouris D. Multiple image watermarking applied to health information management [J]. IEEE Transactions on Information Technology in Biomedicine, 2006,10(4): 722-732.

[31] Akleylek S, Nuriyev U. Steganography and new implementation of steganography [C]// Proceedings of the 13th IEEE Signal Processing and Communications Applications Conference, May 16-18,2005,Ankara,c2005: 64-67.

[32] 王丽娜,郭迟,李鹏. 信息隐藏技术[M]. 湖北: 武汉大学出版社,2004.

[33] Lai C C. An improved SVD-based watermarking scheme using human visual characteristics[J]. Optics Communications,2011,284(4): 938-944.

[34] Wang Z, Bovik A C, Sheikh H R, et al. Simoncelli. Image quality assessment: From error visibility to structural similarity [J]. IEEE Transactions on Image Processing,2004,13(4): 600-612.

[35] I. Recommendation 500-11. Methodology for the subjective assessment of the quality of television pictures[S]. International Telecommunication Union,Geneva,Switzerland,2002.

[36] Muselet D, Tremeau A. Recent trends in color image watermarking [J]. Journal of Imaging Science and Technology,2009,53(1): 0102011-01020115.

[37] Wang X, Lin T, Xue Q. A novel colour image encryption algorithm based on chaos [J]. Signal Processing,2012,92(4): 1101-1108.

[38] Bhatnagar G, Wu Q M J, Raman B. Robust gray-scale logo watermarking in wavelet domain[J]. Computers and Electrical Engineering,2012,38(5): 1164-1176.

[39] FindIk O, Babaoglu I, Ülker E. A color image watermarking scheme based on artificial immune recognition system [J]. Expert Systems with Applications,2011,38(3): 1942-1946.

[40] Chen L, Zhao D, Ge F. Gray images embedded in a color image and encrypted with FRFT and

Region Shift Encoding methods [J]. Optics Communications,2010,283(10): 2043-2049.

[41] Wang W, Zuo W, Yan X. New gray-scale watermarking algorithm of color images based on Quaternion Fourier Transform [C]// The 3rd International Workshop on Advanced Computational Intelligence,August 25-27,2010,Suzhou,China,c2010: 593-596.

[42] Rawat S,Raman B. A new robust watermarking scheme for color images [C]// The 2nd IEEE International Advance Computing Conference,February 19-20,2010,Patiala,c2010: 206-209.

[43] Vahedi E,Zoroofi R A,Shiva M. Toward a new wavelet-based watermarking approach for color images using bio-inspired optimization principles [J]. Digital Signal Processing,2012,22(1): 153-162.

[44] Kwitt R,Meerwald P,Uhl A. Color image watermarking using multivariate power exponential distribution [C]// The 16th IEEE International Conference on Image Processing, November 7-10, 2009,Cairo,c2009: 4245-4248.

[45] Nasir I,Weng Y,Jiang J. Novel multiple spatial watermarking technique in color images [C]// The 5th International Conference on Information Technology: New Generations,April 7-9,2008, Las Vegas,NV,c2008: 777-782.

[46] Tsui T K,Zhang X P,Androutsos D. Color image watermarking using multidimensional Fourier transforms [J]. IEEE Transactions on Information Forensics and Security,2008,3(1): 16-28.

[47] Liao S. Dual color images watermarking algorithm based on symmetric balanced multiwavelet [C]// International Symposium on Intelligent Information Technology Application Workshops, 439-442,December 21-22,2008,Shanghai,China,c2008: 439-442.

[48] Luo X Y,Wang D S,Wang P,et al. A review on blind detection for image steganography [J]. Signal Processing,2008,88(9): 2138-2157.

[49] Yong Z,Li C L,Shen L Q,et al. A Blind watermarking algorithm based on block DCT for dual color images [C]// The 2nd International Symposium on Electronic Commerce and Security, December 24-26,2009,Harbin,China,c2009: 213-217.

[50] Tsaia H H,Jhuanga Y J,Lai Y S. An SVD-based image watermarking in wavelet domain using SVR and PSO [J]. Applied Soft Computing,2012,12(8): 2442-2453.

[51] 毛家发,林家骏,戴蒙. 基于图像攻击的隐藏信息盲检测技术[J]. 计算机学报,2009,32(2): 318-327.

[52] 陈冠雄,姚志强. 一种基于量化方法的 3D 模型盲水印算法[J]. 电子与信息学报,2009,31(12):
2963-2968.

[53] 赵启阳,尹宝林. 针对非参数化检测边界水印机制的敏感度攻击[J]. 南京理工大学学报,2008,
32(3):291-294.

[54] Van Schyndel R G, Tirkel A Z, Osborne C F. A digital watermark [C]// IEEE International
Conference on Image Processing,November 13-16,1994,Austin,TX,c1994:86-90.

[55] Abolghasemi M,Aghainia H,Faez K,et al. Steganalysis of LSB matching based on co-occurrence
matrix and removing most significant bit plane [C]// International Conference on Intelligent
Information Hiding and Multimedia Signal Processing,August 15-17,2008,Harbin,China,c2008:
1527-1530.

[56] Mielikainen J. LSB matching revisited [J]. IEEE Signal Processing Letters,2006,13(5):
285-287.

[57] Ferreira R,Ribeiro B,Silva C,et al. Building resilient classifiers for LSB matching steganography
[C]// IEEE International Joint Conference on Neural Networks,June 1-8,2008,Hong Kong,
c2008:1562-1567.

[58] Pei S C,Cheng C M. Pallete-based color image watermarking using neural network training and
repeated LSB insertion [C]// The 13th IPPR Conference On Computer Vision,Graphic and Image
Processing,August,2000,Taiwan,c2000:1-8.

[59] Ming C,Fan-fan L,Ru Z,et al. Steganalysis of LSB matching in gray images based on regional
correlation analysis [C]// World Congress on Computer Science and Information Engineering,
March 31-April 2,2009,Los Angeles,CA,c2009:490-494.

[60] Fu Y G,Shen R M. Color image watermarking scheme based on linear discriminant analysis[J].
Computer Standards & Interfaces,2007,30(3):115-120.

[61] Fu Y,Shen R,Lu H. Watermarking scheme based on support vector machine for color images [J].
IET Electronics Letters,2004,40(16):986-987.

[62] Kutter M,Jordan F,Bossen F. Digital signature of color images using amplitude modulation[J].
Journal of Electronic Imaging,1998,7(2):326-332.

[63] Yu P T,Tsai H H,Lin J S. Digital watermarking based on neural networks for color images[J].
Signal Processing,2001,81(3):663-671.

[64] Tsai H H,Sun D W. Color image watermark extraction based on support vector machines[J]. Information Sciences,2007,177(2):550-569.

[65] Muselet D,Tremeau A. Recent trends in color image watermarking [J]. Journal of Imaging Science,2009,53(1):0102011-01020115.

[66] Huang P S,Chiang C S,Chang C P,et al. Robust spatial watermarking technique for colour images via direct saturation adjustment [J]. IEEE Proceedings on Vision,Image and Signal Processing, 2005,152(5):561-574.

[67] Kimpan S,Lasakul A,Chitwong S. Variable block size based adaptive watermarking in spatial domain [C]// IEEE International Symposium on Communications and Information Technology, Octobor 26-29,2004,Thailand,c2004:374-377.

[68] Verma B,Jain S,Agarwal D P,et al. A New color image watermarking scheme [J]. Journal of computer science,2006,5(2):37-42.

[69] Jun L,LiZhi L. An improved watermarking detect algorithm for color image in spatial domain [C]// International Seminar on Future BioMedical Information Engineering,December 18,2008, Wuhan,China,c2008:95-99.

[70] 邓雁城. 数字水印的安全性研究[D]. 北京:北京邮电大学,2006.

[71] Podilchuk C I,Zeng W. Image-adaptive watermarking using visual models[J]. IEEE Journal on Selected Areas in Communications,1998,16(4):525-539.

[72] Cox I J,Kilian J,Leighton F T,et al. Secure spread spectrum watermarking for multimedia[J]. IEEE Transactions on Image Processing,1997,6(12):1673-1687.

[73] 牛夏牧,陆哲明,孙圣和. 彩色数字水印嵌入技术[J]. 电子学报,2000,28(9):10-12.

[74] 王向阳,杨红颖. DCT 域适应彩色图像二维数字水印算法研究[J]. 计算机辅助设计与图形学学报,2004,16(2):243-247.

[75] Piva A,Bartolini F,Cappellini V,et al. Exploiting the cross-correlation of RGB-channels for robust watermarking of color images [C]// IEEE International Conference on Image Processing,October 24-28,1999,Kobe,c1999:306-310.

[76] Hsieh M S,Tseng D C. Wavelet-based color image watermarking using adaptive entropy casting [C]//IEEE International Conference on Multimedia and Expo,July 9-12,2006,Toronto,Ont, c2006:1593-1596.

[77] 王向阳,杨红颖. 基于视觉掩蔽特性的小波域彩色数字水印技术[J]. 计算机辅助设计与图形学学报,2004,16(9): 1240-1243.

[78] 姜明新,迟学芬. 基于 IWT 和 HVS 的彩色图像数字水印算法[J]. 吉林大学学报(信息科学版),2007,25(1): 98-102.

[79] Al-Otum H M,Samara N A. A robust blind color image watermarking based on wavelet-tree bit host difference selection [J]. Signal Processing,2010,90(8): 2498-2512.

[80] Chen W Y. Color image steganography scheme using set partitioning in hierarchical trees coding, digital Fourier transform and adaptive phase modulation [J]. Applied Mathematic and Computation,2007,185(1): 432-448.

[81] Tsui T K, Zhang X P, Androutsos D. Color image watermarking using the spatio-chromatic Fourier transform [C]// 2006 IEEE International Conference On Acoustics, Speech and Signal Processing,May 14-19,2006,Toulouse,c2006: 1553-1556.

[82] Yu Y U,Chang C C,Lin I C. A new steganographic method for color and grayscale image hiding [J]. Computer Vision and Image Understanding,2007,107(3): 183-194.

[83] Tsai P,Hu Y C,Chang C C. A color image watermarking scheme based on color quantization [J]. Signal Processing,2004,84(1): 95-106.

[84] Chou C H,Wu T L. Embedding color watermarks in color images [J]. EURASIP Journal on Applied Signal Processing,2003,1: 32-40.

[85] Pei S C,Chen J H. Color image watermarking by Fibonacci lattice index modulation [C]// Proceedings of the 3rd European Conference on Color in Graphics,Imaging,and Vision. Society for Imaging Science and Technology,c2006: 211-215.

[86] Tzeng C H,Yang Z F,Tsai W H. Adaptive data hiding in palette images by color ordering and mapping with security protection [J]. IEEE Transactions on Communications, 2004, 52 (5): 791-800.

[87] Lin C Y,Chen C H. An invisible hybrid color image system using spread vector quantization neural networks with penalized FCM [J]. Pattern Recognition,2007,40(6): 1685-1694.

[88] Orchard M T,Bouman C. Color quantization of images [J]. IEEE Transactions on Signal Processing,1991,39(12): 2677-2690.

[89] Jie N, Zhiqiang W. A new public watermarking algorithm for RGB color image based on

Quantization Index Modulation [C]// 2009 International Conference on Information and Automation,June 22-24,2009,Zhuhai,Macau,c2009：837-841.

[90] Chareyron G,Coltuc D,Trémeau A. Watermarking and authentication of color images based on segmentation of the xyY color space [J]. Journal of Imaging Science and Technology,2006,50(5)：411-423.

[91] 李京兵,杜文才. 二维和三维医学图像稳健数字水印技术[M]. 北京：知识产权出版社,2011.

[92] 王丽娜,张焕国,叶登辉,等. 信息隐藏技术及应用[M]. 武汉：武汉大学出版社,2012.

[93] 刘建州,庞晶. 矩阵理论与方法导引[M]. 湘潭：湘潭大学出版社,2008.

[94] Andreas Koschan & Mongi Abidi. Digital Color Image Processing [M]. 章毓晋,译. 北京：清华大学出版社,2010.

[95] 王丽娜,郭迟,叶登攀,等. 信息隐藏技术实验教程[M]. 武汉：武汉大学出版社,2012.

[96] Haralick R M,Shapiro L G. Glossary of computer vision terms [J]. Pattern Recognition,1993,24(1)：69-93.

[97] Robinson G S. Color edge detection [J]. Optical Engineering,1977,16(5)：165479-165479.

[98] Gonzalez R C. Digital image processing [M]. India：Pearson Education,2009.

[99] Gilchrist A. Lightness,Brightness,and Transparency [M]. New Jersey：Psychology Press,2013.

[100] Zeki S. A Vision of the brain [M]. Oxford,England：Blackwell Scientific,1993.

[101] Kuehni R G. Color：An Introduction to Practice and Principles [M]. New York：Wiley,1997.

[102] Davidoff J. Cognition through Color [M]. Cambrige Massachusetts MIT Press,1991.

[103] Poynton C A. A Technical Introduction to Digital Video [M]. New York,Wiley,1996.

[104] Pitas I,Tsalides P. Multivariate ordering in color image filtering [J]. IEEE Transactions on Circuits and Systems for Video Technology,1991,1(3)：247-259.

[105] Plataniotis K N, Androutsos D, Vinayagamoorthy S, Venetsanopoulos A N. Color image processing using adaptive multichannel filters [J]. IEEE Transactions on Image Processing,1997,6(7)：933-949.

[106] Zheng J,Valavanis K P,Gauch J M. Noise removal from color images [J]. Journal of Intelligent and Robotic Systems,1993,7(3)：257-285.

[107] Adelson E H. The New Cognitive Neurosciences [M]. Cambridge, Massachusetts：MIT Press,2004.

［108］ Hardeberg J. Acquisition and Reproduction of Color Images: Colorimetric and Multispectral Approaches ［M］. Parkland,Florida: Universal-Publishers,2001.

［109］ Giorgianni E J,Madden T E. Digital color management: encoding solutions ［M］. New Jersey: Addison-Wesley Longman Publishing Co. ,Inc. ,1998.

［110］ Frey H. Digitale Bildverarbeitung in Farbräumen ［D］. University Ulm,Germany,1998.

［111］ Van Dam A,Feiner S K,Hughes J F,et al. Introduction to computer graphics［M］. Reading: Addison-Wesley,1994.

［112］ Lou D C,Tso H K,Liu J L. A copyright protection scheme for digital images using visual cryptography technique ［J］. Computer Standards & Interfaces,2007,29(1): 125-131.

［113］ Fleet D J,Heeger D J. Embedding invisible information in color images ［C］// IEEE Transactions on Image Processing,October 26-29,1977,Santa Barbara,CA,c1977: 532-535.

［114］ Chan C K,Cheng L M. Hiding data in images by simple LSB substitution ［J］. Pattern Recognition,2004,37(3): 469-474.

［115］ Qi X,Qi J. A robust content-based digital image watermarking scheme ［J］. Signal Processing, 2007,87(6): 1264-1280.

［116］ Usman I,Khan A. BCH coding and intelligent watermark embedding: Employing both frequency and strength selection ［J］. Applied Soft Computing,2010,10(1): 332-343.

［117］ Lin S D,Shie S C,Guo J Y. Improving the robustness of DCT-based image watermarking against JPEG compression ［J］. Computer Standards & Interfaces,2010,32(1-2): 54-60.

［118］ Baba S E I,Krikor L Z,Arif T,et al. Watermarking of digital images in frequency domain［J］. International Journal of Automation and Computing,2010,7(1): 17-22.

［119］ Liu L S,Li R H,Gao Q. A new watermarking method based on DWT green component of color image ［C］// Proceedings of 2004 International Conference on Machine Learning and Cybernetics, August 26-29,2004,Shanghai,China,c2004: 3949-3954.

［120］ Liu K C. Wavelet-based watermarking for color images through visual masking ［J］. AEU-International Journal of Electronics and Communications,2010,64(2): 112-124.

［121］ Shih F Y,Wu S Y. Combinational image watermarking in the spatial and frequency domains ［J］. Pattern Recognition,2003,36(4): 969-975.

［122］ Thorat C G,Jadhav B D. A blind digital watermark technique for color image based on Integer

Wavelet Transform and SIFT [J]. Procedia Computer Science,2010,2: 236-241.

[123] Bohra A,Farooq O. Blind self-authentication of images for robust watermarking using integer wavelet transform [J]. AEU-International Journal Electronics and Communications,2009,63(8): 703-707.

[124] Yuan Y,Huang D,Liu D. An integer wavelet based multiple logo-watermarking scheme [C]// Proceedings of the First International Multi-Symposiums on Computer and Computational Sciences (IMSCCS'06),pp. 175-179,June 20-24,2006,Hanzhou,Zhejiang,c2006: 175-179.

[125] Wang Y,Zhang H. A color image blind watermarking algorithm based on chaotic scrambling and integer wavelet [C]// 2011 International Conference on Network Computing and Information Security,May 14-15,2011,Guilin,China,c2011: 413-416.

[126] Acharya T,Chakrabarti C. A survey on lifting-based Discrete Wavelet Transform architectures [J]. Journal of VLSI Signal Processing,2006,42(3): 321-339.

[127] Santiago-Avila C,Lee M G,Nakano-Miyatake M,et al. Multipurpose color image watermarking algorithm based on IWT and Halftoning [C]// ACS'10 Proceedings of the 10th WSEAS international conference on applied computer science,c2010: 170-175.

[128] Sweldend W. The lifting scheme: a custom-design construction of bi-orthogonal wavelets[J]. Journal of Applied & Computattional Harmonic Analysis,1996,3(2): 186-200.

[129] Rivest R. The MD5 message digest algorithm[S]. Internet RFC 1321,April 1992.

[130] Li L,Yuan X,Lu Z,et al. Rotation invariant watermark embedding based on scale-adapted characteristic regions [J]. Information Sciences,2010,180(15): 2875-2888.

[131] Golea N E H,Seghir R,Benzid R. A bind RGB color image watermarking based on Singular Value Decomposition [C]// 2010 IEEE/ACS International Conference on Computer Systems and Applications (AICCSA),May 16-19,2010,Hammamet,c2010: 1-5.

[132] Liu R,Tan T. SVD-based watermarking seheme for protecting rightful ownership [J]. IEEE Transactions on Multimedia,2002,4(1): 121-128.

[133] Suresh G,Lalitha N V,Rao C S,et al. An efficient and simple Audio Watermarking using DCT-SVD [C]// 2012 International Conference on Devices,Circuits and Systems (ICDCS),pp. 177-181,March 15-16 2012,Coimbatore,c2012: 177-181.

[134] Hiena T,Nakaoa Z,Chen Y W. Robust multi-logo watermarking by RDWT and ICA[J]. Signal

Processing,2006,86(10):2981-2993.

[135] Run R S,Horng S J,Lai J L,et al. An improved SVD-based watermarking technique for copyright protection[J]. Expert Systems with Applications,2012,39(1):673-689.

[136] Bhatnagar G,Raman B. A new robust reference watermarking scheme based on DWT-SVD[J]. Computer Standards & Interfaces,2009. 31(5):1002-1013.

[137] Bhatnagar G,Raman B. A new robust reference logo watermarking scheme [J]. Multimedia Tools and Applications,2011,52(2-3):621-640.

[138] Shih Y T,Chien C S,Chuang C Y. An adaptive parameterized block-based singular value decomposition for image de-noising and compression [J]. Applied Mathematics and Computation,2012, 218(21):10370-10385.

[139] Mukherjee S,Pal A K. A DCT-SVD based robust watermarking scheme for grayscale image [C]// Proceedings of the International Conference on Advances in Computing,Communications and Informatic,2012,New York,USA,c2012:573-578.

[140] Jia Y,Xu P,Pei X. An investigation of image compression using block Singular Value Decomposition [J]. Communications and Information Processing Communications in Computer and Information Science,2012,288:723-731.

[141] Basso A,Bergadano F,Cavagnino D,et al. A novel block-based watermarking scheme using the SVD transform [J]. Algorithms,2009,2(1):46-75.

[142] Chandra D V S. Digital image watermarking using singular value decomposition [C]// Proceedings of the 45th IEEE Midwest Symposium on Circuits and Systems,August 4-7,2002, USA,c2002:264-267.

[143] Huang F,Guan Z H. A hybrid SVD-DCT watermarking method based on LPSNR [J]. Pattern Recognition Letters,2004,25(15):1769-1775.

[144] Ghazy R A,El-Fishawy N A,Hadhoud M M,et al. An efficient block-by block SVD-based image watermarking scheme [C]// Proceedings of the 24th National Radio Science Conference,March 13-15,2007,Cairo,c2007:1-9.

[145] Ouhsain M,Hamza A B. Image watermarking scheme using nonnegative matrix factorization and wavelet transform [J]. Expert Systems with Applications,2009,36(2):2123-2129.

[146] Rao V S V,Shekhawat R S,Srivastava V K. A reliable digital image watermarking scheme based

on SVD and particle swarm optimization [C]// 2012 Students Conference on Engineering and Systems,March 16-18,2012,Allahabad,Uttar Pradesh,c2012:1-6.

[147] Dogan S,Tuncer T,Avci E,et al. A robust color image watermarking with Singular Value Decomposition method [J]. Adcances in Engineering Software,2011,42(6):336-346.

[148] Lei B Y,Soon I Y,Li Z. Blind and robust audio watermarking scheme based on SVD-DCT [J]. Signal Processing,2011,91(8):1973-1984.

[149] Mohammad A A,Alhaj A,Shaltaf S. An improved SVD-based watermarking scheme for protecting rightful ownership[J]. Signal Processing,2008,88(9):2158-2180.

[150] Abdallah E E,Hamza A B,Bhattacharya P. Improved image watermarking scheme using Fast Hadamard and Discrete Wavelet Transforms[J]. Journal of Electronic Imaging,2007,16(3):0330201-0330209.

[151] Ganic E,Eskicioglu A M. Robust DWT-SVD domain image watermarking:embedding data in all frequencies [C]//Proceedings of the 2004 Workshop on Multimedia and Security. ACM,c2004:166-174.

[152] Xu G,Wang L. Color image watermark algorithm based on SVD and Lifting Wavelet Transformation [J]. Application Research of Computers,2011,28(5):1981-1982.

[153] Yin C,Li L,Lv A,et al. Color image watermarking algorithm based on DWT-SVD [C]// 2007 IEEE International Conference on Automation and Logistics,August 18-21,2007,Jinan,China,c2007:2607-2611.

[154] Golub G H,Van Loan C F. Matrix computations [M]. Baltimore:Johns Hopkins University Press,1989.

[155] Chang C C,Tsai P,Lin C C. SVD-based digital image watermarking scheme [J]. Pattern Recognition Letters,2005,26(10):1577-1586.

[156] Fan M Q,Wang H X,Li S K. Restudy on SVD-based watermarking scheme [J]. Applied Mathematics and Computation,2008,203(2):926-930.

[157] 李健. 抗几何攻击的数字图像水印技术的研究[D]. 南京:南京理工大学,2009.

[158] Chung K L,Yang W N,Huang Y H,et al. On SVD-based watermarking algorithm[J]. Applied Mathematics and Computation,2007,188(1):54-57.

[159] Chen W,Quan C,Tay C J. Optical color image encryption based on Arnold transform and

interference method [J]. Optics Communications,2009,282(18)：3680-3685.

[160] 尹忠海,周拥军,高大化,等. 基于差分特征点网格的数字水印抗缩放性能[J]. 空军工程大学学报(自然科学版),2009,10(4)：76-80.

[161] Schur I. On the characteristic roots of a linear substitution with an application to the theory of integral equations [J]. Math. Ann 1909,66：488-510.

[162] Li X,Fan H. QR factorization based blind channel identification and equalization with second-order statistics [J]. IEEE Transaction on Signal Processing,2000,48(1)：60-69.

[163] Moor B,Dooren P. Generalizations of the Singular Value and QR decompositions [J]. SIAM (Society for Industrial and Applied Mathematics) on Matrix Analysis and Applications. 1992,13(4)：993-1014.

[164] 汪萍,刘粉林,巩道福. 基于 QR 分解的数字图像水印算法数字图像认证方案：中国,2011100799133 [P]. 2011-03-31.

[165] Yashar N,Saied H K. Fast watermarking based on QR decomposition in Wavelet domain. 2010 Sixth International Conference on Intelligent Information Hiding and Multimedia Signal Processing,October 15-17,2010,Darmstadt,c2010：127-130.

[166] Song W,Hou J,Li Z,et al. Chaotic system and QR factorization based robust digital image watermarking algorithm [J]. Journal of Central South University of Technology,2011,18(1)：116-124.

[167] Su Q,Niu Y,Wang G,Jia S,et al.. Color image blind watermarking scheme based on QR decomposition [J]. Signal processing,2014,94 (1)：219-235.

[168] Yang H,Wang X,Wang P,et al. Geometrically resilient digital watermarking scheme based on radial harmonic Fourier moments magnitude [J]. International Journal of Electronics and Communications,2015,69(1),389-399.

[169] Niu P P,Wang X,Yang Y P,et al. A novel color image watermarking scheme in non-sampled contourlet-domain [J]. Expert Systems with Applications,2011,38(3)：2081-2098.

[170] Shao Z,Duan Y,Coatrieux G,et al.. Combining double random phase encoding for color image watermarking in quaternion gyrator domain [J]. Optics Communications,2015,343：56-65.

[171] Guo J,Prasetyo H. Security analyses of the watermarking scheme based on redundant discrete wavelet transform and singular value decomposition [J]. International Journal of Electronics and

Communications,2014,68: 816-834.

[172] Wang X,Wang C,Yang H,et al. Niu. A robust blind color image watermarking in quaternion Fourier transform domain [J]. Journal of Systems and Software,2013,86(2): 255-277.

[173] Naderahmadian Y,Hosseini-Khayat S. Fast and robust watermarking in still images based on QR decomposition [J]. Multimedia Tools and Applications,2013,72(3): 2597-2618.

[174] Bhatnagar G,Wu Q M. Biometrics inspired watermarking based on a fractional dual tree complex wavelet transform [J]. Future Generation Computer Systems,2013,29 (1): 182-195.

[175] Seddik H,Sayadi M,Fnaiech F,et al. Image watermarking based on the Hessenberg transform [J]. International Journal of Image and Graphics,2009,9(03): 411-433.

[176] Su Q,Niu Y,Zou H,et al. A blind double color image watermarking algorithm based on QR decomposition [J]. Multimedia Tools and Applications,2014,72 (1):987-1009.

[177] Golub G H,Loan C F V. Matrix Computations [M]. Baltimore: Johns Hopkins University Press,1996.